調好一杯雞尾酒

雞尾酒
COCKTAIL

郭慕、周小芮　編著

Preface

前言

輕鬆踏入雞尾酒殿堂

雞尾酒在現代人們的生活中已不再是甚麼新鮮事物，除了在很多餐廳、酒吧等場合能飲用到雞尾酒外，人們開始尋思，如何在家中自己調製一杯美味的雞尾酒呢？其實不難，本書會先帶你穿越雞尾酒的歷史，領略其藝術之美，再通過熟悉各種調製雞尾酒時所需要的工具、原料、術語等，讓新手也能輕鬆踏入調製雞尾酒的高級殿堂。

盡情享受調製的樂趣

不用羨慕市面上那些雞尾酒的五彩斑斕，也不要擔心自己調製時無從下手，本書將從第二章開始，按照雞尾酒基酒的不同，每一種基酒獨立成章，分別介紹最常見、最熱門的雞尾酒款式。簡單常見的材料準備及清晰易學的調製步驟，讓你快速變身雞尾酒調製能手，盡情享受其中的美味和樂趣。

歡樂暢飲也不誤健康

當然，雞尾酒畢竟是酒品，在歡樂暢飲的同時還要注意飲用適度，不要因為貪杯而影響了身體的健康。

最具創新的專業團隊

本書由生活類圖書創作團隊——Other′s 生活美學工作室傾情打造。Other′s 生活美學工作室是一個具有創新精神的專業團隊，致力於為時下年輕人提供最新潮、最時髦、最具生活態度的新興理念。本書利用精美的圖片和簡明的文字，讓你沉浸在調製雞尾酒的繽紛世界中。我們相信這本書一定會成為你日後頻頻翻閱的生活讀物，為你的生活增色，這也是 Other′s 生活美學工作室孜孜不倦的追求。雞尾酒的調製新手們，趕快翻開這本書，開啓調製雞尾酒的美好時光吧！

常見酒名中英對照表

冧酒 Rum
白冧酒 Light Rum
褐冧酒 Gold Rum
黑冧酒 Dark Rum

白蘭地 Brandy
皮斯科秘魯白蘭地 Pisco
蘋果白蘭地 Calvados
干邑白蘭地 Cognac

力嬌酒 Liqueur
南方安逸酒 Southern Comfort Liqueur
香蕉力嬌酒 Banana Liqueur
藍橙力嬌酒 Blue Curaçao Liqueur
椰子力嬌酒 Coconut Liqueur
君度橙酒 Cointreau Liqueur
哈密瓜力嬌酒 Melon Liqueur
白橙皮力嬌酒 Triple Sec Liqueur
綠甜瓜力嬌酒 Midori Melon Liqueur
黑醋栗力嬌酒 Cassis Liqueur
綠薄荷力嬌酒 Green Mint Liqueur
接骨木花力嬌酒 Elderflower Liqueur
櫻桃力嬌酒 Kirsch
聖日耳曼接骨木花力嬌酒
　　Saint Germain Elderflower
咖啡力嬌酒 Coffee Liqueur
白可可力嬌酒 Cacao White Liqueur
杏仁力嬌酒 Amaretto
波士櫻桃白蘭地甜酒
　　Cherry Brandy Liqueur

甜味美思 Sweet Vermouth
乾味美思（又叫乾威末酒）Dry Vermouth
白色薄荷酒 White Mint Liqueur
綠色薄荷酒 Green Mint Liqueur

氈酒 Gin
乾氈酒 Dry Gin
亨利爵士氈酒 Hendrick's Gin
野梅氈酒 Sloe Gin

龍舌蘭酒 Tequila
智利檸檬龍舌蘭酒 Chile-lime Tequila
布蘭卡龍舌蘭酒 Blanco Tequila

威士忌 Whisky
蘇格蘭威士忌 Scotch Whisky
黑麥威士忌 Rye Whisky
愛爾蘭威士忌 Irish Whisky
杜林標酒 Drambuie

其他 Others
伏特加 Vodka
苦艾酒 Absinthe
西班牙曼柴尼拉雪利酒 Manzanilla Sherry
桃味苦酒 Peach Bitters
安格斯圖拉苦酒
　　Angostura Aromatic Bitters
紅寶石波特酒 Porto Ruby
有汽葡萄酒 Sparkling Wine

目錄

七個步驟 讓你了解雞尾酒

冧酒 為基酒的雞尾酒

氈酒 為基酒的雞尾酒

龍舌蘭酒 為基酒的雞尾酒

伏特加 為基酒的雞尾酒

威士忌 為基酒的雞尾酒

白蘭地 為基酒的雞尾酒

七個步驟讓你了解雞尾酒

雖然關於雞尾酒的歷史眾說紛紜，但它的藝術之美卻已是眾人皆知。只是透過幾種液體的完美融合，再加上各種輔料的協調搭配，就碰撞出令人無法想像的激情火花，這美妙的混合體便充滿了意義。明瞭基本的調製工具及步驟，即使是新手也能調好一杯雞尾酒。

了解雞尾酒的藝術與歷史

雞尾酒的歷史非常悠久，盛行於歐洲，並逐漸蔓延至全世界。如今雞尾酒開始進入了人們的生活，了解它的藝術與歷史，有助於對雞尾酒做出更好的品質及解讀。

雞尾酒的定義

雞尾酒是一種混合飲品，它由兩種或者兩種以上的酒及汽水、果汁等混合而成，並含有一定的營養價值和欣賞價值。雞尾酒通常先以某款酒作為基酒，再在此基礎上搭配果汁、牛奶、糖等其他材料，並在一些特用工具的輔助下，讓所有材料得到適度攪拌，達到混合的效果，最後再用一些裝飾物，例如檸檬片、薄荷葉等加以裝飾點綴即可。

雞尾酒的由來

雞尾酒歷史悠久，對於它的由來也是眾說紛紜，流傳着很多不同的說法。

有的說法是，雞尾酒起源於 1776 年的美國紐約州。當時在紐約州的一家用雞尾羽毛做裝飾的酒館裏，各種酒都快賣完的時候，一些軍官走進來要買酒喝。酒館裏有一位叫貝特西的女侍者把所有剩酒統統倒在一起，並隨手從一隻大公雞身上拔了一根毛把酒攪勻後，端出去給那些軍官。軍官們看看這酒的成色，品不出是甚麼酒的味道，就問貝特西，貝特西隨口答道是雞尾酒。一位軍官聽了這個詞，高興地舉杯祝酒，還喊了一聲：「雞尾酒萬歲！」從此便有了「雞尾酒」之名。

有的說法是，相傳於 1775 年，移居於美國紐約阿連治的彼列斯哥在鬧市中心開了一家藥店，製造各種酒賣給顧客。一天他把雞蛋調到藥酒中出售，獲得一片讚許之聲。當時紐約阿連治地區的人多說法語，他們用法國口音稱之為「科克車」，後來衍成英語「雞尾」。從此，雞尾酒便成為人們喜愛飲用的混合酒，花式也越來越多。

還有的說法是，在美國獨立時期，有一個名叫拜托斯的愛爾蘭籍姑娘，在紐約附近開了一間酒店。1779 年，一些美國官員和法國官員經常到這家酒店飲用一種叫作「布來索」的混合興奮飲料。當時這些人經常拿店主拜托斯開玩笑，把她比作一隻小母雞取樂。一天，拜托斯氣極了，便從農民的雞窩裏找出一根雄雞尾羽，插在「布來索」杯子中，送給軍官們飲用，以詛咒這些人。客人們見狀很驚訝，又無法

理解，但又覺得分外漂亮，因此有一個法國軍官隨口高聲喊道「雞尾萬歲」。從此，加以雄雞尾羽的「布來索」就變成了「雞尾酒」，並且一直流傳至今。

對於雞尾酒的由來還有很多傳說，雖然對此我們很難查證，但是人們對於雞尾酒的喜愛卻是可以肯定的。如今，製作雞尾酒、品味雞尾酒，也已逐漸進入了現代人的日常生活。

雞尾酒的飲用藝術

餐前雞尾酒

餐前雞尾酒又稱為開胃雞尾酒，主要是在餐前飲用，能起到生津開胃的作用。這類雞尾酒的含糖量比較少，口味有的酸、有的乾烈，就算是甜味的餐前酒，口味也不會太甜膩。常見的餐前雞尾酒有馬天尼、曼克頓及各類酸酒等。

餐後雞尾酒

餐後雞尾酒顧名思義都是在餐後飲用，主要的作用是幫助消化，因而使用最多的就是口味較甜的力嬌酒。在眾多力嬌酒中，人們尤其愛選用香草類的力嬌酒，這類酒中摻入了很多藥材，在餐後飲用能起到化解食物積滯、促進食物消化的作用。常見的餐後雞尾酒有史丁格、亞歷山大等。

晚餐雞尾酒

晚餐雞尾酒是專門用於晚餐時佐餐飲用的雞尾酒，一般會選擇口味較辣，酒品色澤較鮮艷的雞尾酒。而且這時挑選的雞尾酒，會特別注重酒品與菜餚口味的搭配，有些酒品還可以做頭盆、湯等的替代品。在一些比較正規及高雅的公眾場合，通常用葡萄酒佐餐，而選擇雞尾酒來佐餐的相對較少。

派對雞尾酒

派對雞尾酒是專門用於一些派對場合的雞尾酒，其選擇的雞尾酒特點是口味獨特、色彩鮮艷、酒精度低，並且要考慮到與整個派對場合的整體搭配。派對雞尾酒既可以滿足人們交際的需要，又可以烘托氣氛，裝點派對現場，十分受年輕人的喜愛。常見的派對雞尾酒有特基拉日出、自由古巴等。

俱樂部雞尾酒

俱樂部雞尾酒是在正餐時飲用的，它具有豐富的營養成分，略帶刺激性，能調和菜餚、點心的味道。例如三葉草俱樂部雞尾酒就是俱樂部雞尾酒的代表款，它的整體口感較柔和，非常適合女性。

睡前雞尾酒

睡前雞尾酒即所謂的安眠雞尾酒，具有滋補性，供晚間睡前飲用，主要是為熟睡而喝。一般認為睡前酒最好的是以白蘭地為基酒，味道濃重的及使用雞蛋一起調製的雞尾酒。

雞尾酒的特點

混合飲品

雞尾酒通常以白蘭地、冧酒、氈酒、威士忌等烈性酒或葡萄酒作為基酒，再配上一種或幾種酒、飲品、砂糖等作為輔料，加以攪拌或搖晃，將所有材料混合在一起調製而成。

種類繁多

雞尾酒的調製會用到各種各樣的材料，就算是同一款雞尾酒，在不同的地域、不同的份量及口味等多種因素影響下，也會出現較大的差別。對於調製雞尾酒來說，其手法也非常重要，在調製中出現的手法差異，也會導致最終雞尾酒的口感不同。所以，綜合多種因素，雞尾酒呈現出來的種類、樣式、口感就非常多了。

色澤優美

雞尾酒的種類繁多，所以呈現出來的視覺效果也是多種多樣的，特別是它的顏色，每一款都有自己的獨特之處。雞尾酒的色澤、色調非常細緻、優雅、均勻。澄清型的雞尾酒，色澤透明光亮，沒有雜質；渾濁型的雞尾酒，色澤亮麗，很吸引他人的目光。

盛載考究

雞尾酒根據不同的酒類、歷史等原因，一般會有相對固定的載杯要求。一如香檳有專門的香檳杯，葡萄酒有專門的葡萄酒杯一樣。而對於更多的雞尾酒來說，選擇雞尾酒杯也是相對自由的，應該選擇樣式新穎大方、顏色協調得體、容量大小合適的載杯，以符合雞尾酒的要求為主。很多雞尾酒杯不僅僅只作為一個載酒的物體，更是裝飾物，能提高雞尾酒的整體質感。

有刺激性

雞尾酒的基酒及部份輔料都含有一定的酒精濃度，所以調製出來的雞尾酒也具有一定的刺激性，飲用後能使人產生興奮感，能讓緊張的神經得到適度的放鬆和舒緩，但是在飲用時要注意適量，特別是酒精濃度較高的雞尾酒，不宜飲用過量。

增進食慾

雞尾酒是增進食慾的滋潤劑，因為其中會含有一定的調味劑，例如酸味、苦味

等，在飲用後會刺激人們的味覺，促進進食的慾望，但是也不宜飲用過多，以免出現倒胃口或厭食的反作用。

雞尾酒的命名方法

以內容命名

雖然以酒的內容命名的雞尾酒數量不是很多，但卻有不少是流行的品牌。這類雞尾酒通常從酒的名稱就可以看出酒品所包含的內容，它們都是由一種或兩種材料調配而成，其製作的方法相對也比較簡單，多數為長飲類飲料；例如比較常見的有冧酒可樂，由冧酒和可樂調製而成。

以味道命名

以味道命名，顧名思義就是以雞尾酒呈現出來的味道來命名，這種方式較難把握，其要有很突出的味道。從名字上來看，這些雞尾酒的口味風格也是顯而易見的，例如突出酸味的酸味氈酒、威士忌酸酒等。

以時間命名

以時間命名的雞尾酒在眾多雞尾酒中佔有一定的數量。這些以時間命名的雞尾酒有些代表着酒的飲用時機，而更多的是創作者在某個特定時間裏所想表達的情緒、事情等，這些名字透露着創作者當時的靈感來源，並用此名字來表達情感；例如六月新娘、夏日風情、仲夏等。

以顏色命名

大部份的雞尾酒都是以顏色命名的，它們基本上是以伏特加、氈酒等無色烈性酒為基酒，加上各種顏色的力嬌酒調製而成，呈現出色彩斑斕的效果。以顏色命名的雞尾酒有藍色夏威夷、青龍、金色的夢等。

以人物命名

這些雞尾酒的命名將人盡皆知的歷史名人和酒品緊緊聯繫在一起，讓人們時刻緬懷他們，使得雞尾酒更有韻味，品味起來回味無窮。這類雞尾酒有亞歷山大、丘比特、畢加索、伊麗莎白女王、尼古拉斯等。

以景觀命名

以自然景觀命名的雞尾酒品種較多，這些雞尾酒的名字主要是山川河流、日月星辰、風露雨雪……是創作者抒發情思的結果。這類雞尾酒的色彩、口味及裝飾物都有明顯的地方特色，例如雪鄉、鄉村俱樂部、邁阿密海灘等。

雞尾酒杯的
晶瑩世界

　　雞尾酒杯的選擇也是一門大學問，杯子不僅是盛載酒類的普通物件，更是一件藝術品。挑好了杯子，可以給雞尾酒錦上添花，表現出酒的質感，飲者的品位。

力嬌酒杯 Liqueur Glass

　　又稱為利口酒杯、餐後甜酒杯，是一種容量為 1 安士的小型有腳杯，杯身為管狀，可用來飲用五光十色的力嬌酒、彩虹酒等，也可用於伏特加、龍舌蘭酒、冧酒。

　　注：1 安士 =28.35 克

烈酒杯 Shot Glass

　　烈酒杯是在不加冰的情況下飲用（除了白蘭地以外的蒸餾酒）所用到的杯子，杯子的容量在 1~2 安士。

颶風杯 Hurricane Glass

　　颶風杯是常用的熱帶雞尾酒杯。

古典杯 Old-fashioned Glass

　　古典杯是過去英國人飲用威士忌及其他蒸餾酒和主飲料的載杯，其杯體較矮，杯壁較厚，一般的杯子高度不超過 10 厘米，容量在 250 毫升左右。

香檳杯 Champagne Glass

香檳杯是一種高腳杯，飲用香檳酒時使用。香檳杯可分淺碟香檳杯和鬱金香香檳杯兩種，前者腳高、開口淺；後者狀似鬱金香花，收口淺且杯肚大。

瑪格麗特杯 Margarita Glass

瑪格麗特杯主要用於盛放瑪格麗特系列雞尾酒，不過也使用於其他雞尾酒。因為其寬杯口的特點，還很適合製作雪花邊。

紅酒杯 Wine Glass

紅酒杯上身較深，圓胖寬大，底部有握柄，主要用於盛載紅葡萄酒和用其製作的雞尾酒。紅酒杯的主要材質有水晶和玻璃，水晶杯和玻璃杯帶來的香氣與口感會有細微差別。

雞尾酒杯 Cocktail Glass

雞尾酒杯底部有細長握柄，上方約呈正三角形或梯形，是短飲雞尾酒的專用酒杯。多採用玻璃材質製作而成。

白蘭地杯 Brandy Snifter

白蘭地杯為杯口小、腹部寬大的矮腳酒杯。杯子實際容量雖然很大，但倒入的酒量不宜過多，以杯子橫放、酒在杯腹中不溢出為宜。

柯林杯 Collins Glass

柯林杯又稱高筒杯，呈高圓筒狀。主要用於盛放威士忌加梳打水等飲品，或是果汁、汽水、雞尾酒都可。其容量為240~360毫升。

坦布勒杯 Tumbler

坦布勒杯一般是指直杯，以前人們用動物的角來做酒杯，因其底部不平容易傾倒所以叫「坦布勒杯」。現在，坦布勒杯以 8 安士的容量為標準，杯身可分斜、直兩種，多用於盛載長飲酒或軟飲料。

海波杯 Highball Glass

海波杯多用於盛載長飲酒或軟飲料如汽水、果汁等，杯形具有一定的弧度較為柔和、可愛，搭配水果能夠打造出非常繽紛的雞尾酒造型。

咖啡杯 Coffee Cup

咖啡杯由負離子粉、電氣石、優質黏土和其他基礎材料燒結而成。咖啡杯釋放出的高濃度負離子可以對水發生電解作用，令飲品的口感更佳。

碟形香檳杯 Champagne Saucer

碟形香檳杯是指一種特別形狀的高腳杯，人們常常用於婚禮及其他慶典中香檳泉的搭建，也用於其他場合，比如在酒吧和餐廳中，飲用雞尾酒和吃西餐小吃等。

梅森杯 Mason Jar

梅森杯以玻璃材質為主，杯身外表通常都有美麗的花紋或圖畫，其特點是容量較大且造型時尚，非常適合含有水果的雞尾酒，能夠讓雞尾酒的造型變得更加繽紛。

果汁杯 Juice Glass

通常用以盛載果汁的杯子，果汁杯因其利落、精緻的外觀也常常被人們用以盛載其他飲品，例如雞尾酒、啤酒等。

啤酒杯 Beer Mug

德國式傳統啤酒杯一般有連着杯身的杯蓋，並且有把手。質地有錫質、陶質、瓷質、玻璃、木製、銀質等。

威士忌杯 Whiskey Glass

威士忌杯是指專門飲用威士忌時所使用的玻璃酒杯，威士忌酒杯多呈圓桶形，並且杯子比較矮，威士忌杯最大的特點是杯底很厚。

品特杯 Pint Glass

品特杯屬啤酒杯的一種，這種啤酒杯容積為 1 英製品特，大約為 568 毫升，一般用於黑啤酒和英式澀啤酒。由於品特杯造型別致也常常被人們用於其他飲品。

有基酒才能
調製出雞尾酒

　　基酒在雞尾酒中起着決定性的作用，是調製雞尾酒不可缺少的要素。基酒不僅作為雞尾酒的基礎，還能完美容納其他材料的融合，給人們呈現出口感與視覺都俱佳的效果。

六大基酒

冧酒 Rum

　　冧酒也稱為糖酒，是一種用甘蔗壓出的糖汁或糖蜜，經過發酵、蒸餾而成的蒸餾酒。其口感甜潤、芬芳馥郁，酒精含量為 38%~50%，可分為清淡型和濃烈型，酒液有琥珀色、棕色及無色。

　　在冧酒的生產國古巴，人們喜歡純飲冧酒，品嘗其最原始的味道。而在美國等其他地區，冧酒一般用作調製雞尾酒的基酒，還可以用來做美食的調味劑。

氈酒 Gin

　　氈酒又稱杜松子酒，是世界第一大類的烈性酒。它最先由荷蘭生產，之後因英國大量生產而聞名於世，所以氈酒可分為荷蘭氈酒與英國氈酒。

　　荷蘭氈酒色澤透亮、香味突出，適合單獨飲用，不適合作為雞尾酒的基酒。英國氈酒用食用酒精、杜松子及其他香料共同蒸餾而得，酒液無色透明、氣味清香、口感醇美，既可以單獨飲用，又可以與其他飲品混合調製雞尾酒，是一款適合用作調製雞尾酒的基酒。

龍舌蘭酒 Tequila

　　龍舌蘭酒是墨西哥的國酒，被稱為墨西哥的靈魂。該酒是以龍舌蘭為原料經過蒸餾製作而成的一款蒸餾酒。龍舌蘭植物要經過 12 年才能成熟，製造者將成熟後的龍舌蘭的外層葉子砍掉，將果實的汁液進行加工，蒸餾後貯存而成。

　　龍舌蘭酒適宜冰鎮後純飲，或是加冰塊飲用。它特有的風味，更常常被用作基酒調製各種雞尾酒，通常在一些口味厚重的調酒裏面都可以見到它的身影。

伏特加 Vodka

　　伏特加是俄羅斯的傳統酒精飲料，它的傳統釀造方法是以馬鈴薯或粟米、大麥、黑麥為原料，用蒸餾法蒸餾出酒精度高達 96% 的酒精液，再使酒精液流經盛有大量木炭的容器，以吸附酒液中的雜質，最後用蒸餾水稀釋至酒精度 40%~50%，並除去酒精中所含的毒素和其他異物。

　　伏特加酒質晶瑩澄澈，無色且清淡爽口，使人感到不甜、不苦、不澀，只有烈焰般的刺激感。也正因為如此，在各種調製雞尾酒的基酒之中，伏特加酒是最具有靈活性、適應性和變通性的一種酒。

　　冰鎮後的伏特加略顯黏稠，口感醇厚，一般不細斟慢飲，適合豪飲。而將伏特加作為基酒，與其他果汁、飲料或酒類混合調製出的雞尾酒，適合於慢慢品味。

威士忌 Whisky

　　威士忌是一種由大麥等穀物釀製，在橡木桶中陳釀多年後，調配成 43° 左右的烈性蒸餾酒。威士忌歷史悠久，按照產地可以分為四大類：蘇格蘭威士忌、愛爾蘭威士忌、美國威士忌和加拿大威士忌。

　　蘇格蘭威士忌用經過乾燥，泥炭燻焙產生獨特香味的大麥芽做酵造原料製成。愛爾蘭威士忌用小麥、大麥、黑麥等的麥芽做原料釀造而成。美國威士忌以粟米和其他穀物為原料，經發酵、蒸餾後放入內側燻焦的橡木酒桶中釀製 2~3 年的時間。加拿大威士忌主要由黑麥、粟米和大麥混合釀製，氣味清爽、口感輕快。

　　威士忌有多種飲用的方法，可以純飲，感受其純粹；可以加水，引出其潛藏的芳香；可以作為基酒，加入汽水、綠茶等其他飲品。

白蘭地 Brandy

　　白蘭地由葡萄酒或水果為原料，經過發酵、蒸餾、貯藏後釀造而成，要放在木桶裏經過相當時間的沉澱，是一種烈性酒。

　　白蘭地通常被人稱為「葡萄酒的靈魂」，以葡萄為原料，將其去皮、去核、榨汁、發酵等，得到含酒精較低的葡萄原酒，再將葡萄原酒蒸餾得到無色烈性酒。將得到的烈性酒放入橡木桶儲存、陳釀，再進行勾兌以達到理想的顏色、芳香味道和酒精度，從而得到優質的白蘭地。

　　白蘭地是一種高雅、莊重的美酒，其飲用方法多種多樣，可當作消食酒、開胃酒，可以純飲，也可以加冰塊、對礦泉水、對茶水或加入其他飲品混合飲用，對於具有絕妙香味的白蘭地來說，無論單獨飲用或者作為雞尾酒的基酒飲用都很好。

不同工藝的基酒種類

釀造酒

以釀造酒做基酒的雞尾酒數量較少，但是釀造酒含有豐富的營養，精酒濃度較低，是未來雞尾酒的發展方向。釀造酒包括葡萄酒、啤酒、黃酒和清酒等。酒性溫和細膩的葡萄酒常用於調製酒精含量低的清涼飲料，例如紅酒加可樂、白葡萄酒加雪碧都是簡單的雞尾酒。啤酒可與果汁、汽水、奶類飲料等混合，可以調製出口感風格獨特的飲品。而黃酒在調製雞尾酒的過程中，既可調製熱飲又可調製冷飲。選用清酒調製時，冰鎮後的效果會更好。

配製酒

配製酒又稱調製酒，是酒類裏面一個特殊的品種，是一種混合的酒品。其主要是以發酵酒、蒸餾酒或者食用酒精為酒基，加入其他材料並搭配不同工藝配製而成。配製酒中只有甜酒常用於基酒，甜酒顧名思義就是有甜的口感，它的味道也保持了天然的清香，此類酒比較受女士的喜愛。而其他的配製酒，如開胃酒、力嬌酒、苦酒、茴香酒等配製酒多用作調製雞尾酒的輔料，很少直接做基酒。

蒸餾酒

蒸餾酒酒精度高，雜質少，是絕好的基酒品種，男士非常喜歡這種酒類，所以以各種蒸餾酒為基酒的雞尾酒消費量也很大。蒸餾酒包括白蘭地、冧酒、威士忌、伏特加等，基本上六大基酒都包括在內。中性伏特加無色、無香，是極好的調酒基酒。氈酒是雞尾酒中使用最多的基酒，能和大多數飲料搭配。常選的是英式乾氈酒，其品質細膩，口感甘醇。威士忌有不同的特點，愛爾蘭威士忌以搭配咖啡調製熱類雞尾酒最好，美國波本威士忌善於容納多種輔料，適合用作基酒配酒。

六大基酒的常見酒品

酒名	基酒	其他材料	常見顏色
紅粉佳人 Pink Lady	氈酒	石榴糖漿、鮮忌廉	粉紅色
狗鼻子 Dog's Nose	氈酒	啤酒	橙色
夏威夷酷樂 Hawaiian Cooler	氈酒	白柑橘力嬌酒、檸檬汁、梳打水、菠蘿片、櫻桃	金色
鬥牛勇士 Matador	龍舌蘭酒	菠蘿汁、青檸汁、菠蘿片、青檸片	淡綠色
特基拉日出 Tequila Sunrise	龍舌蘭酒	石榴糖漿、橙汁、香橙片	橘紅色
瑪格麗特 Margarita	龍舌蘭酒	酸橙、君度橙酒、酸橙汁、粗鹽	黃色
奇奇 Chi Chi	伏特加	菠蘿汁、檸檬汁、椰漿、檸檬片、櫻桃	乳白色
鹹狗 Salty Dog	伏特加	粗鹽、西柚汁、砂糖、檸檬片	黃色
飛天蚱蜢 Flying Grasshopper	伏特加	綠薄荷力嬌酒、白可可力嬌酒	綠色
亞歷山大 Alexander	白蘭地	可可力嬌酒、鮮忌廉、豆蔻粉	白色
甜蘋果 Honeyed Apples	白蘭地	蘋果白蘭地、蜂蜜	橙色
尼古拉斯 Nikolaschka	白蘭地	砂糖、檸檬片	橙色
曼克頓 Manhattan	威士忌	甜味苦艾酒、櫻桃	紅色
響尾蛇 Rattle Snake	威士忌	茴香酒、檸檬汁、蛋白、砂糖、橘子片	黃色
約翰可林 John Collins	威士忌	檸檬汁、砂糖、梳打水、檸檬片、櫻桃	黃色
加州賓治 California Punch	冧酒	橙汁、梳打水、橙片、櫻桃	橙色
莫吉托 Mojito	冧酒	青檸汁、薄荷葉、糖漿	淡綠色
蛋酒 Eggnog	冧酒	雞蛋、白糖、威士忌、鮮奶、忌廉、肉蔻粉	金黃色

調製雞尾酒使用到的輔料

輔料又稱調和料，能在調製雞尾酒的時候起到沖淡、調和基酒的作用。輔料和基酒相互完美混合後，才能發揮出一款雞尾酒的最終特色。

液態輔料

力嬌酒

在調製雞尾酒時，提香增味的材料以各類力嬌酒為主，力嬌酒也是基酒的最佳搭檔。例如橙味力嬌酒是最受歡迎的一款，它能和所有的酒相搭配，調製出各具特色的雞尾酒。椰子力嬌酒用冧酒作為基酒，可調製出具有熱帶風情的雞尾酒。薄荷力嬌酒與基酒混合後，則能調製出清涼爽口的雞尾酒。其他各類力嬌酒還有：杏仁力嬌酒、當姆香草力嬌酒、君度力嬌酒、咖啡力嬌酒、杜林標力嬌酒、千里安諾力嬌酒、藍色橙味力嬌酒等。

汽水

汽水通常是長飲雞尾酒的輔料。選擇無色、無味的梳打水作為輔料，只會降低整杯雞尾酒的酒精含量，不會改變雞尾酒的口味、色澤及香氣，所以絕對不會影響雞尾酒要表達的整體風格及效果。而使用汽水類的輔助材料，例如可樂、雪碧、七喜等碳酸飲料，也十分受人們的青睞，而且冰鎮後飲用效果更好。

糖漿

糖漿也是調製雞尾酒中不可或缺的一個重要元素，它在調製很多不同種類的雞尾酒上，起到了增加甜味的關鍵作用，與此同時，還能調節雞尾酒的整體口味及呈現效果。因為糖漿往往是帶着不同顏色的輔料，所以加入糖漿能改變一款雞尾酒的整體表達效果。例如表現出熱情紅色的紅石榴糖漿，表現出清新綠色的綠薄荷糖漿，以及白糖漿和各種水果糖漿等。

果汁

果汁營養豐富，有着自然的色澤和香氣，能和所有的酒類混合搭配。調酒用的果汁以濃縮型的果汁為主，使用前可根據口感的不同加水稀釋。而鮮榨的果汁則更自然芳香、口感清爽。其中，檸檬汁、橙汁、青檸汁最受青睞，是雞尾酒搭配的常

用輔料。另外，番茄汁、菠蘿汁和椰子汁等果汁作為雞尾酒的新穎搭配，能調製出風味獨特、口感新奇的趣味雞尾酒。

牛奶

新鮮的牛奶是上佳的雞尾酒輔料，它不僅營養豐富，並能在視覺效果上給雞尾酒注入白色的清新感覺，還能給雞尾酒增添一股濃郁的芳香及舒滑的口感，所以這種輔料也特別受到女士們的偏愛。

蛋白

有些雞尾酒會加入蛋白作為輔料，在加入蛋白之後，如果直接飲用可能會有一些腥味，但是通過搖酒器的劇烈搖蕩後，蛋白與基酒及其他輔料充分融合，能產生一種非常濃香的味道。這種加入蛋白的雞尾酒，在口感上會更加潤滑，帶有一股香甜味。

固態輔料

冰塊

冰塊作為輔料可以直接與任何酒類搭配，也是雞尾酒中不可或缺的一個元素。大多數雞尾酒在添加了冰塊的情況下，口感將變得更好，整體感覺也更加舒爽。除了調節口感，冰塊還能起到一種視覺上的美化作用，有了冰塊裝扮的雞尾酒，看起來會更加有情調、有滋味。

忌廉

一般忌廉加在一種烈酒和一兩種力嬌酒所調製的雞尾酒之中，忌廉可以與濃烈的酒精味形成鮮明對比，讓原本強烈的酒味變得更柔和、更清甜。而且加入忌廉之後，整個雞尾酒的質感會變得更柔滑、清爽，在視覺效果上也能起到一定改變。

苦酒

在調製雞尾酒的時候常常會用到，常用的苦酒有兩種，分別是安格拉斯苦酒和菲奈特布蘭卡。安格拉斯苦酒產於西班牙，而菲奈特布蘭卡是意大利著名的苦酒，也是世界著名的苦酒之一，有醒酒和健胃等作用。

砂糖

砂糖也是調製各種雞尾酒中不可或缺的一個重要元素，它的功能很多，既可以用作雞尾酒的調味，又可以用作雞尾酒杯的裝飾。在調製口味時，直接將砂糖加入其他輔料當中，和基酒一起充分混合即可，能調節雞尾酒的口味，降低酒味，增加甜味，個人也可根據自己對酒精的接受程度，用砂糖來調節口感。在裝飾酒杯時，可以將酒杯的邊緣先用檸檬汁擦濕，將砂糖平鋪在一個碟子裏，再將杯口倒置，黏滿砂糖即可，就能成為獨具特色的雪花邊雞尾酒。

調製雞尾酒
使用到的工具

長匙 Bar Spoon

攪拌雞尾酒的工具，通常一端為叉狀，可用於叉檸檬片、櫻桃等；另一端為匙狀，可攪拌混合酒，或搗碎配料。長匙相當於 1 茶匙，1 茶匙為 3~4 克。

過濾器（隔冰器） Strainer

與調酒杯搭配使用，倒飲料時，為了防止冰塊或是檸檬籽等混入杯中，部份雞尾酒如果不濾掉冰塊，便會稀釋酒的風味。過濾器可適用於各種尺寸的調酒杯。

調酒棒 Mixing Stirrer

有多種樣式，大的通常搭配調酒杯使用；小一點的款式給飲用者使用，兼具裝飾作用。棒的一端為球狀，可用來搗碎飲料中的糖或薄荷。

酒籤 Cocktail Pick

主要用來插櫻桃、橄欖等，點綴雞尾酒，精緻小巧增添美感。

瓶嘴（倒酒嘴） Pourer

套在開瓶後的瓶口上，用於控制酒的流量。

搖酒器 Shaker

用來調不易混合均勻的雞尾酒材料。搖酒器有兩種形式，一種稱波士頓搖酒器，為兩件式，下方為玻璃搖酒杯，上方為不銹鋼上座，使用時兩座一合即可。另一種搖酒器則為三件式，除了下座，中間有隔冰器，再加一上蓋，用時一定要先蓋隔冰器，再加上蓋，以免液體外溢。使用原則是首先放冰塊，然後再放入其他材料，搖蕩時間超過 20 秒為宜。否則冰塊開始融化，將會稀釋酒的風味。使用之後應立即打開清洗。

冰桶 Ice Bucket

用冰桶盛冰可減緩冰塊融化的速度，讓雞尾酒的味道更佳。

量酒杯 Measure Cup (Double Jigger)

量酒器的兩頭容量為 15 安士和 1 安士，這樣的款式最為常用。

榨汁器 Squeezer

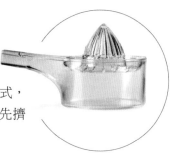

榨取檸檬汁的器具，調酒必備的裝配。沒有特定形式，只要操作方便、取汁容易即可。如果用量大時，可預先擠好果汁，原則上不宜擱置太久，以保持其新鮮度。

螺絲開瓶器 Corkscrew

葡萄酒的開瓶器。通常帶有鋒利的小刀，以便順利割開酒的鉛封；螺旋起的部份，長短粗細適中是重要考量之處。

冰錐 Ice Pick

冰錐於敲擊、鑽取冰塊時使用。

冰夾 Ice Tong

冰夾主要用來夾取冰塊，前沿帶鋸齒狀設計，起到防滑的作用。

冰鏟 Ice Scoop

冰鏟主要用來盛碎冰或裂冰時使用。

碎冰錘 Ice Hammer

碎冰錘是在調製雞尾酒時用來壓碎冰塊的工具，也可以用以壓檸檬、香草等材料。

調酒杯 Mixing Glass

調酒杯是一種體高、底平、壁厚的玻璃器皿，有的標有刻度，用來量酒水，也可以用來盛放冰塊及各種飲料。

冰格 Ice Tray

冰格是盛水之後放在冰箱裏冷凍成冰塊的一種用具。調製雞尾酒會用到冰塊，所以冰格也是必不可少的工具。

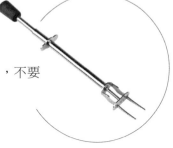

橄欖夾 Pickle Fork

橄欖夾用於方便夾取罐頭裏的橄欖，並放入雞尾酒中，不要直接用手接觸食物，方便衛生。

苦艾酒專用漏勺 Absinthe Strainer

苦艾酒專用漏勺的表面採用鏤空的設計，將漏勺置於杯口，將方糖放於漏勺表面，緩緩倒入苦艾酒，讓其澆方糖並流入酒杯。

果汁機 Juicer

果汁機就是用機械的方法將水果或蔬菜高速攪拌成果汁或蔬菜汁的機器。在用電動調和法來調製雞尾酒時，果汁機是必須用到的工具之一。

水果刀 Knife

雞尾酒大都需要用水果片來點綴，所以切水果用的水果刀也是不可缺少的工具之一。

剝皮器 Zester

採用不銹鋼設計的剝皮器專門用於剝離水果的果皮，銳利、耐用，操作起來比較方便，使用過後也易於清洗。

如何調製一杯雞尾酒

調製雞尾酒有多種的方法，根據不同酒類和不同材料，選擇最合適的調製方法，再加上細節上的認真、細緻，相信你很快就能將各式雞尾酒完美呈現出來。

調製雞尾酒的手法

搖和法

搖和法是調製雞尾酒最普遍而簡易的方法，將酒類材料及配料冰塊等放入搖酒器內，用勁來回搖動，使其充分混合即可，能去除酒的辛辣，使酒溫和且入口順暢。

基本工具：搖酒器、量杯、酒杯

基本步驟：

1. 將準備好的材料用量杯量好份量後，倒入搖酒器中。
2. 將冰塊放入搖酒器中，並將其蓋好。
3. 雙手握緊搖酒器，手背抬高至肩膀，用手腕快速來回甩動約10次，再以水平方式前後搖動約10次倒入酒杯中即可。

直調法

直調法是把材料直接注入酒杯中的一種雞尾酒調製法，做法非常簡單，只要材料份量控制好，即使是初學者也可以做得很好。

基本工具：雞尾酒杯、量杯、夾冰器

基本步驟：

1. 將準備好的材料用量杯量好份量後，倒入雞尾酒杯中。
2. 用夾冰器夾取冰塊，放入雞尾酒杯中。
3. 最後倒入其他配料至滿杯即可。

攪和法

攪合法是將材料倒入調酒杯中，用調酒匙充分攪拌的一種調酒法，常用在調製烈性加味酒時。

基本工具：調酒杯、調酒匙、量杯、隔冰器、夾冰器、酒杯

基本步驟：

1. 將準備好的材料用量杯量好份量後，倒入調酒杯中，並用夾冰器夾取冰塊加入。
2. 用調酒匙在調酒杯中，前後來回攪三次，再正轉二圈倒轉二圈即可。
3. 移開調酒匙後加上隔冰器濾除冰塊，再把酒液倒入酒杯內即可。

電動調和法

電動調和法是用果汁機取代搖和法，其主要是用來混合固體食物和冰塊飲料。任何搖混飲料都可用這種方法，混合效果相當好。

基本工具：果汁機、量杯、夾冰器

基本步驟：

1. 將準備好的材料用量杯量好份量後，倒入果汁機內。
2. 用夾冰器夾冰塊，放入果汁機內。
3. 最後倒入其他配料，開動果汁機攪拌均勻即可。

調製雞尾酒的一般步驟

選酒杯 ▶ 定調酒法 ▶ 量入基酒 ▶ 量入輔助成分 ▶ 調製 ▶ 裝飾

調製雞尾酒時應注意這些

1. 調製雞尾酒前，酒杯應該先用清水清洗乾淨，用紙巾將其擦乾、擦亮。酒杯在使用前可以先冰鎮一會兒，這樣雞尾酒的口感會更加冰爽。
2. 量酒時必須使用量器，這樣量得的各種酒品的量會比較接近，在調製多杯同款雞尾酒時，能夠保證調出的雞尾酒口味一致。
3. 攪拌飲料時應該避免時間過長，防止冰塊化開過多而使雞尾酒的酒味變淡。
4. 搖混雞尾酒時，手臂的動作要自然優美、快速有力，要使各類飲品及材料混合均勻。
5. 使用新鮮的冰塊，不宜使用冷凍過久的冰塊。冰塊的大小、形狀要與飲料的要求一致。
6. 使用新鮮的水果作為裝飾，切好後的水果應存放在冰箱內等待備用，不宜使用腐敗的水果，發現材料有腐敗，應該立即更換。
7. 使用優質的碳酸飲料，碳酸飲料不能放入搖酒器裏搖。
8. 最好使用新鮮檸檬和柑橘擠汁，擠汁前應該先用熱水將其浸泡，以便能多擠出汁液。
9. 要求所用的材料準確，少用或錯用主要材料都會破壞飲品的標準味道。
10. 上霜要均勻，杯口不可潮濕。
11. 調出飲料的味道必須正常，不能偏重或偏淡。
12. 裝飾是最後一環，不可缺少。裝飾的物件必須衛生，並與飲料的要求一致。

必須知道的雞尾酒術語

了解雞尾酒的術語是調製雞尾酒的基本功，熟悉了這些術語，在調製雞尾酒過程中就能更省時省力，也能更好地去理解調製的精髓。

雞尾酒的常用術語

基酒

基酒又名酒基、底料、主料，是調製雞尾酒的必備要素。完美的雞尾酒必須有基酒作為基礎，但是又不能讓基酒獨領風騷，而是將基酒與其他飲品或材料完美混合，達到色、香、味、形俱佳的效果。

長飲

長飲一般是指用烈性酒、果汁、汽水等混合調製，酒精含量較低的飲料，是一種較為溫和的酒品，可放置較長時間不變質，因而人們可長時間飲用。在飲用的時候，可以冷飲或熱飲，一般認為 30 分鐘內飲完為宜。

短飲

短飲通常是指酒精含量高，份量較少的雞尾酒，其大部份酒精度數是 30° 左右。飲用時通常要一飲而盡，時間一長風味就會相對減弱。一般短飲類雞尾酒在調好後 10~20 分鐘內飲用為宜。

硬飲

硬飲是指含酒精成分的飲料，它包括白酒、白蘭地、伏特加、冧酒、雞尾酒、龍舌蘭酒、力嬌酒、葡萄酒、啤酒等。

軟飲

軟飲是指不含酒精或者酒精含量不到 1% 的天然的或人工配製的飲料，又稱清涼飲料、無醇飲料。軟飲料的主要原料是白開水或礦泉水、果汁、蔬菜汁或植物的根、莖、葉、花和果實的抽提液。通常的軟飲包括碳酸飲料、果汁、咖啡、紅茶等。

雪花邊

雪花邊指先用青檸片將杯口擦濕，然後將杯口倒置在放有鹽或糖等的小碟上轉一圈黏邊，從而產生雪花邊般的裝飾效果。

酒後水

酒後水分為兩種，一種是喝過較烈的酒之後所添加的冰水，可與烈性酒中和保持味覺的新鮮。另一種是指飲料中加入某些材料使其浮於酒中，如鮮忌廉等，比重較輕的酒則可浮於梳打水之上。

純飲

純飲是指只喝一種純粹的、不經任何加工的飲料。如在美國的酒吧裏點威士忌，服務生會詢問要加冰飲用還是純飲。

常用術語英漢對照表

中文	英文	中文	英文
雞尾酒	Cocktail	基酒	Base
白蘭地	Brandy	硬飲	Hard drinks
威士忌	Whisky	軟飲	Soft drinks
氈酒	Gin	長飲	Long drinks
冧酒	Rum	短飲	Short drinks
伏特加	Vodka	雪花邊	Snow frosting
龍舌蘭酒	Tequila	酒後水	Chaser
注入調合	Dash	珊瑚風格	Coral style
單份	Single	澀味酒	Dry
雙份	Double	純粹	Straight

冧酒為基酒的雞尾酒

甘蔗作為冧酒的原料，給其奠定了口感甜潤的基調。無論是淡冧酒還是濃冧酒，都散發着各自的精緻味道。以芬芳馥郁的冧酒作為基酒時，能給雞尾酒增添香甜的感覺。它不僅帶來一股浪漫的色彩，還是具有冒險精神之人的最愛。

Mai Tai
邁泰

　　這是一款帶着熱帶氣息的雞尾酒，從其鮮艷的橙色就可以感受到那股陽光揮灑的熱情。杯中的晶瑩冰塊透出絲絲涼意，與雞尾酒的熱情協調交融。

配方

新鮮檸檬汁 10毫升
橙汁 40毫升
石榴糖漿 5毫升
白冧酒 30毫升
褐冧酒 30毫升
方形小冰塊 適量
碎冰 少許
菠蘿 1/4片
新鮮薄荷葉 少許

製作步驟

1. 把方形冰塊放進搖酒器上層。

2. 加入檸檬汁、橙汁、石榴糖漿和兩種冧酒，闔上搖酒器，用力搖晃8秒鐘。

3. 在杯中放入少許碎冰，透過隔冰器倒入調好的酒。

4. 在杯子上插上菠蘿片，再放入一些薄荷葉裝飾即可。

建議酒杯

坦布勒杯
古典杯

Tips

　　邁泰是一種來自加勒比海的飲料，即使在熱帶氣候中，它也能給人帶來一股清涼。Mai Tai是當地的一種語言，意思是「遠離這個世界」。寓意非常有意境，也非常的形象化，當你喝一口這款雞尾酒，就能體會到這種感覺。這款酒還在貓王皮禮士利的電影《藍色夏威夷》中被當作道具使用，因此流傳於世。

Eggnog
蛋酒

蛋酒是聖誕節最具代表性的飲品,它擁有香甜細滑的口感,加上酒香醇美,在寒冬裏喝上一口,足以暖透心窩,在節日飲用,更是將節日的溫暖氣氛表達得恰到好處。

配方

白蘭地 40毫升
白冧酒 15毫升
鮮奶 70毫升
糖漿 15毫升
蛋黃 1個
豆蔻粉 少許
冰塊 適量

製作步驟

1. 先將杯中裝入三成滿冰塊。

2. 在搖酒器中裝入半杯冰塊,倒入全部材料(蛋黃、豆蔻粉除外)。

3. 再放入蛋黃,避免材料結塊。

4. 搖蕩搖酒器至外部結霜,將雞尾酒濾至杯中,放入調酒棒,撒上豆蔻粉裝飾即可。

建議酒杯

海波杯
柯林杯

Tips

相傳在英屬北美殖民地時期(1607~1775年),人們用冧酒混合雞蛋和牛奶來製作蛋酒。那時的冧酒被稱為grog,而製成的蛋酒就被叫做「egg-and-grog」,當時盛放蛋酒的是一種叫作noggin的木質馬克杯,時間久了,人們就將這種帶有冧酒的蛋酒稱為「eggnog」了。自19世紀起,蛋酒開始在北美洲流行起來,並成為聖誕節人們必備的節日飲品。

Mojito
莫吉托

　　這款雞尾酒第一眼就給人非常清新的視覺感，嫩綠的薄荷葉透出縷縷清涼，讓飲用者光從外觀上就可以感受到莫吉托清爽甘甜的口感。

配方

白冧酒 50毫升
梳打水 300毫升
青檸檬 1個
黃檸檬 半個
白砂糖 5克
薄荷葉 8片
冰塊 適量

建議酒杯

梅森杯
柯林杯

製作步驟

1. 將新鮮的薄荷葉洗淨與白砂糖倒入碗中將其搗碎。

2. 將搗碎後的薄荷葉與白砂糖倒入酒杯中。

3. 在杯中加入冧酒的同時將擠好的青檸汁一齊倒入。

4. 將冰塊填至杯口後倒入梳打水並稍稍攪拌。

5. 最後在杯口處或杯中放置黃檸檬片裝飾。

Tips

　　莫吉托誕生於古巴革命時期的浪漫舊時代，或者更早，據說這是一種海盜飲品，是由英國海盜佛朗西斯・德雷克爵士發明的。隨着雞尾酒文化的復興，對使用新鮮材料興趣的增加，拉丁美洲食潮的興起和古巴音樂的風靡，莫吉托在美國大受歡迎。

Daiquiri 戴吉利

這是一款白色的雞尾酒，但是它的白又不像牛奶那般濃稠，而是透着隱約的晶瑩剔透，是一款非常清涼酸甜的酒品，很適合在酷暑飲用。

配方

白冧酒 45毫升
酸橙汁 15毫升
糖漿 5毫升
檸檬 1片
冰塊 適量

建議酒杯

碟形香檳杯
雞尾酒杯

製作步驟

1. 把冰塊放入搖酒器中。

2. 接着倒入白冧酒、酸橙汁、糖漿。

3. 將所有材料搖晃均勻。

4. 取一些冰塊打成冰沙裝入酒杯中，再將調好的酒倒入。

5. 最後加上檸檬片裝飾即可。

Tips

戴吉利最初是為在酷暑天氣工作的礦山技師們調製的雞尾酒，其名「Daiquiri」就是古巴一座礦山的名字。它的特點是帶有清涼感的酸，是一款消暑飲品。如果將糖漿換成紅石榴糖漿的話，就調成了「百加得」雞尾酒。

Pear Batida

異樣的梨

黑白冧酒相互交融，糖漿與青檸汁分別擔任甜蜜與酸爽的角色，它們相互融合，再加上熟梨，口感甜潤而奇妙。

配方

白冧酒 30毫升
煮熟的梨 10克
青檸汁 30毫升
香檳 30毫升
糖漿 15毫升
黑冧酒 15毫升
新鮮梨子 1片
冰塊 適量

製作步驟

1. 將白冧酒、青檸汁、糖漿倒入有冰塊的搖酒器中用力搖勻。

2. 將搖勻後的酒倒入杯中，再倒入香檳、黑冧酒與煮熟的梨混合均勻。

3. 最後在杯口放一片新鮮梨子裝飾，並置於杯墊上即可。

建議酒杯

碟形香檳杯
雞尾酒杯

Tips

這款雞尾酒的獨特之處就是除了酒品的混合之外，還加入了水果的元素，而且是煮熟了的梨。冧酒本身就帶有甜潤的口感，滲入水果的汁液與果肉，讓飲者品嘗過後念念不忘。

scorpion
天蠍座

在這款雞尾酒中,橙的清香與冧酒的酒香完美結合,再加上檸檬汁與青檸汁增添的絲絲酸爽口感,調製出一杯含有濃濃果香的酒品。

配方

白冧酒 45毫升
白蘭地 30毫升
橙汁 20毫升
檸檬汁 20毫升
青檸汁 15毫升
車厘子 1顆
冰塊 適量

製作步驟

1. 將白冧酒、白蘭地、橙汁、檸檬汁、青檸汁及冰塊倒入搖酒器中搖和。

2. 然後倒入注滿碎冰的酒杯中。

3. 用橙、檸檬、車厘子裝飾酒杯。

4. 最後可以附上吸管,置於杯墊上即可。

建議酒杯

果汁杯
颶風杯

Tips

這款雞尾酒是給追求自我的人喝的酒,微醺狀態,更讓人見識天蠍異常靈敏的感官。它喝起來的口感很好,等到發現不對的時候,已經相當醉了。飲用時先在酒面點火,為避免過熱會熔掉吸管,隨後得趕緊將吸管插入底部飲用,從下到上感受到漸熱的口感,飲用速度越快效果越佳。

Bahama
巴哈馬

這款雞尾酒中加入了香蕉力嬌酒，有濃郁的香蕉香，為此款雞尾酒增色不少；它和冧酒加南方安逸酒的強烈口感既形成對比，又完美融合。

配方

白冧酒 20毫升
南方安逸酒 20毫升
檸檬汁 20毫升
香蕉力嬌酒 1大滴
冰塊 適量

製作步驟

1. 將材料（除冰塊外）按順序倒入搖酒器中搖和。

2. 搖勻後將其注入已放有冰塊的酒杯中。

3. 可以附上吸管，或置於杯墊上即可。

建議酒杯

坦布勒杯
颶風杯

Tips

這款雞尾酒以島國巴哈馬命名。冧酒中加入南方安逸酒，口感強烈明快，配上香蕉力嬌酒又增添了溫文爾雅的風味。

Miami Cocktail
邁阿密

口感甜潤、芬芳馥郁的冧酒搭配香氣清新的薄荷酒，讓此款雞尾酒擁有甜蜜口味的同時，還有甜而不膩的陣陣香氣。

配方

白冧酒 20毫升
白色薄荷酒 10毫升
檸檬汁 10毫升
冰塊 適量
檸檬 1片

建議酒杯

雞尾酒杯
柯林杯

製作步驟

1. 將全部材料（除冰塊、檸檬片外）按順序倒入搖酒器中搖和。

2. 搖勻後將其注入已放有冰塊的酒杯中。

3. 最後在杯口加上檸檬片裝飾，附上吸管，或置於杯墊上即可。

Tips

　　這款雞尾酒中除了冧酒，薄荷酒也是一大亮點。它口味甜美，擁有獨特的薄荷香氣，在消化不良及飽腹時飲用，有一定改善作用。

Cuba Libre

自由古巴

這款雞尾酒味道濃厚，解渴開胃。特別在加入可樂後，令這款雞尾酒的口感更輕柔，很適合在海灘酒吧飲用。

配方

白冧酒 45毫升
青檸 半個
可樂 少許
冰塊 適量

建議酒杯

果汁杯
古典杯

製作步驟

1. 首先將冧酒注入杯中。

2. 將洗淨切好的青檸放入杯中。

3. 加入冰塊，用可樂注滿酒杯，最後加入攪拌棒即可。

Tips

自由古巴是古巴從西班牙手中獨立時，用當時市民口中常用的詞來命名的酒。1902年，古巴人民進行了反對西班牙的獨立戰爭，在這場戰爭中他們使用「Cuba Libre」（即自由的古巴萬歲）作為綱領性口號，於是便有了這款名為「自由古巴」的雞尾酒。

California Punch

加州賓治

加州賓治的酒精度數不高，可用水果裝飾；水果的甜味讓原本就不太有酒精刺激感的酒品更加柔和，很適合女士飲用。

配方

白冧酒 30毫升
橙汁 90毫升
梳打水 適量
橙片 適量
車厘子 適量
冰塊 適量

建議酒杯

古典杯
碟形香檳杯

製作步驟

1. 在古典杯中加入八成滿冰塊。

2. 將白冧酒、橙汁一同倒入杯中。

3. 再加入梳打水至八成滿杯，用長匙輕攪兩三下。

4. 將櫻桃置於兩片橙片之間，再放於杯口，放入調酒棒，置於杯墊上即可。

Tips

加州賓治是一款以白冧酒為基酒，橙汁、梳打水為配料製成的雞尾酒，酒品呈現橙色，是雞尾酒中的經典之一。冧酒口感甜潤、芬芳馥郁，沒有很強的刺激感，加上香甜的橙汁搭配，以及梳打水的融入，讓這款雞尾酒十分的清涼爽口。

Pina Colada

菠蘿可樂達

菠蘿可樂達是一款消暑的好酒品，有降暑解渴的功效。它的酒精度數較低，並帶有熱帶風情，屬一款熱帶雞尾酒。

配方

白冧酒 60毫升
檸檬汁 30毫升
菠蘿汁 90毫升
椰奶 60毫升
車厘子 1顆
菠蘿 1片
冰塊 適量

製作步驟

1. 把冰塊放入果汁機中。
2. 倒入白冧酒、檸檬汁、菠蘿汁、椰奶，開啓果汁機5~10秒。
3. 把調好的雞尾酒倒入冰鎮的酒杯中。
4. 加上櫻桃和菠蘿片裝飾即可。

建議酒杯

碟形香檳杯
雞尾酒杯

Tips

這款雞尾酒誕生於波多黎各，在西班牙語中的意思是「菠蘿茂盛的山谷」。它是墨西哥等地區極流行的降暑飲品。如果你想要從一段失去的戀情中恢復過來，可以選擇一杯菠蘿可樂達，這樣的甜雞尾酒最能撫慰人心。

Blue Hawaii
藍色夏威夷

　　這款雞尾酒以色香味齊全和洋溢着海島風情而讓飲用者為之傾倒，它淡藍色的酒液如海浪般充滿夏天的感覺，加上清爽的口感，難怪被人們所喜愛。

配方

白冧酒 60毫升
藍橙力嬌酒 15毫升
椰子力嬌酒 15毫升
菠蘿汁 30毫升
檸檬 1片
冰塊 適量

製作步驟

1. 把冰塊放入搖酒器中。

2. 加入白冧酒、藍橙力嬌酒、椰子力嬌酒和菠蘿汁。

3. 搖晃均勻，把調製好的雞尾酒濾入冰鎮的酒杯中。

4. 加上潔淨的檸檬片裝飾，置於杯墊上即可。

建議酒杯

雞尾酒杯
坦布勒杯

Tips

　　此款雞尾酒是星座雞尾酒中代表雙魚座。其中，藍橙力嬌酒代表藍色的海洋，碎冰象徵着泛起的浪花，而酒杯裏散發的果汁甜味猶如夏威夷的微風細語，別具熱帶風味。

Watermelon Mojito

西瓜莫吉托

　　莫吉托是最有名的冧酒調酒之一，其中檸檬與薄荷的清爽口味與冧酒的烈性互補，而加入西瓜汁的西瓜莫吉托，不僅在色澤上更為奪目，口感上也更適合在炎炎夏日飲用。

配方

無核西瓜 200克
白冧酒 30毫升
白砂糖 10克
薄荷葉 6~8片
青檸檬 半個
黃檸檬 半個
梳打水 適量

建議酒杯

梅森杯
柯林杯

製作步驟

1. 先將一部份西瓜肉切塊，凍成西瓜冰塊。

2. 將剩下的西瓜肉榨成西瓜汁。

3. 在搖酒器裏搗碎薄荷葉和白砂糖，擠入青檸檬汁、黃檸檬汁，倒入冧酒並搖晃均勻。

4. 將搖晃均勻的混合物倒入玻璃杯中，再倒入西瓜汁。

5. 將西瓜冰塊放入杯中，倒入梳打水至杯滿，切一塊西瓜裝飾即可。

Tips

　　莫吉托誕生於古巴革命時期的浪漫舊時代，起初是一種海盜飲品。當其隨着雞尾酒文化的復興風靡美國後，各種新材料的加入讓其走出美國席捲世界。即使如今加入西瓜等水果來追求飲法上的創新，但是莫吉托口味清新的宗旨依然不變。

氈酒為基酒的雞尾酒

氈酒，這看似平淡的透明液體，卻散發着芬芳誘人的陣陣香氣，作為氈酒原料的杜松子，就是其散發怡人香氣的主要來源。通過蒸餾及道道工序釀出的氈酒，極具個性又能包容其他，它口感清爽，酒性濃烈，是調製雞尾酒中不可缺少的一員。

Gimlet

琴蕾

這款雞尾酒由於使用了透明的氈酒和青檸汁搭配，所以呈現白色，清新脫俗，口感也比較淡雅。

配方

氈酒 30毫升
冧酒 30毫升
青檸汁 30毫升
糖水 15毫升
檸檬片 適量
冰塊 適量

製作步驟

1. 用裝滿1/2冰塊的冰刻度杯調酒。

2. 倒入配方中其餘材料（除檸檬片外），用長匙攪拌均勻。

3. 最後將調好的酒倒入用檸檬片裝飾好的雞尾酒杯裏，置於杯墊上即可。

建議酒杯

雞尾酒杯
力嬌酒杯

Tips

琴蕾原本是一款不為人知卻又美味的雞尾酒，據說這種雞尾酒是前往南洋赴任的英國人發明的。它配方中的青檸汁到底是使用新鮮的青檸汁抑或是濃縮的青檸汁，到現在也還是意見紛紜。

Gin Fizz
氈費士

在氈費士這款雞尾酒中，既富有檸檬汁的酸味又兼有梳打水的清爽，喝起來給人清涼爽口的滋味，非常適合在炎熱的夏日飲用。

配方

氈酒 40毫升
檸檬汁 15毫升
青檸汁 15毫升
糖漿 15毫升
梳打水 少許
冰塊 適量

建議酒杯

柯林杯
海波杯

製作步驟

1. 杯中加入六成滿冰塊，搖酒器中裝入半杯冰塊。

2. 搖酒器中加入其餘材料（梳打水除外）搖蕩至外部結霜。

3. 將雞尾酒濾至杯中，再加入梳打水至八成滿，放入調酒棒與吸管即可（可用檸檬片裝飾）。

Tips

這款雞尾酒的名字是梳打水泡沫爆響的諧音，原料中的基酒為氈酒，而氈酒又稱為琴酒。氈酒的原料為杜松子，所以這款雞尾酒又可稱作「杜松子汽酒」。

Gin & Tonic

氈湯力

　　這款雞尾酒的口感舒適，配方也很簡單，非常適合女士飲用，調製起來也不困難。

配方

乾氈酒 45毫升
湯力水 適量
梳打水 少量
青檸 1/6個
冰塊 適量

建議酒杯

柯林杯
海波杯

製作步驟

1. 在放有冰塊的杯中擠入青檸汁。青檸汁會沉澱，所以應在放氈酒之前注入。擠青檸汁時，用另一隻手蓋住，使其不致飛濺。

2. 注入乾氈酒。青檸汁與氈酒應盡可能充分混合。

3. 沿着杯壁注入湯力水，再注入梳打水。

4. 用調酒匙在杯子底部迅速攪拌一周。類似使用梳打水的攪拌法，只能攪拌一周。

Tips

　　湯力水在19世紀時有醫藥用途，有防禦瘧疾的功效。因為湯力水味道苦澀，遂發現加入了氈酒後味道可口，容易入喉，氈湯力自此開始流行。

Pink Lady

紅粉佳人

　　紅粉佳人雞尾酒屬酸甜類的餐前短飲雞尾酒，是一款專門為女士調配的雞尾酒。其酒液粉紅、美麗，酒香芬芳、迷人，深受女士喜歡。

配方

氈酒 40毫升
石榴糖漿 30毫升
鮮忌廉 30毫升
車厘子 1顆
冰塊 適量

製作步驟

1. 搖酒器裝入半杯冰塊，再依次加入其他材料（車厘子除外），搖蕩至外部結霜。

2. 將雞尾酒濾至冰鎮好的雞尾酒杯中。

3. 將車厘子裝飾於杯口即可。

建議酒杯

雞尾酒杯
力嬌酒杯

Tips

　　這款雞尾酒色澤艷麗，美味芬芳，酒精濃度為中度，非常適合女士飲用。不僅如此，這款雞尾酒還有一個特別的由來。1912年，在倫敦演出了一部相當轟動的舞台劇《紅粉佳人》，當時雞尾酒界給這部舞台劇的女主角特製了這款雞尾酒，從此名聞遐邇。

Singapore Sling
新加坡司令

　　這款雞尾酒非常特別,它是以其誕生國家的名稱命名的。它甜潤可口、色澤艷麗,非常適合在暑熱季節飲用。

配方

波士櫻桃白蘭地甜酒 30毫升
氈酒 45毫升
石榴糖漿 10毫升
梳打水 適量
檸檬皮 1條
冰塊 適量

製作步驟

1. 將波士櫻桃白蘭地甜酒、氈酒、石榴糖漿、梳打水倒入有冰塊的搖酒器中劇烈搖和。

2. 倒入有冰塊的杯子中。

3. 將檸檬皮捲成螺旋狀後放在杯口作為裝飾。

建議酒杯

柯林杯
颶風杯

Tips

　　新加坡司令是一款著名的雞尾酒,發明者叫嚴崇文,他在1915年間擔任新加坡萊佛士酒店Long Bar酒吧的酒保時調製出這款雞尾酒。當時嚴崇文應顧客要求改良氈湯力這款調酒,調出了這種口感酸甜的酒,後來一炮而紅。

Gibson

吉布森

這款雞尾酒的原料都是透明無色的，所以締造了一款晶瑩剔透的雞尾酒品。在此之中，很特別的加入了小洋蔥，它的辣味讓酒品的口感更顯獨特。

配方

辛辣氈酒 20毫升
辛辣苦艾酒 8毫升
小洋蔥 1個
冰塊 適量

製作步驟

1. 將氈酒、苦艾酒和冰塊倒入搖酒器中搖和均勻。

2. 將搖和好的酒倒入酒杯中。

3. 用酒針串上去外皮的小洋蔥，並搭在酒杯上即可。

建議酒杯

雞尾酒杯
瑪格麗特杯

Tips

這款雞尾酒是由畫家查爾斯·吉布森在20世紀早期的某天偶然調製成的，他本來想喝馬天尼酒，不知甚麼原因往酒裏放了個小洋蔥，結果發現這樣的酒味更好，於是這款雞尾酒就誕生了。

Screwdriver

螺絲起子

螺絲起子又叫漸入佳境，在美國禁酒法時期，這款雞尾酒非常流行。由於氈酒不會影響其他輔料的味道，所以在飲用時常常誤以為只是在喝橙汁，但不知不覺就醉了。

配方

氈酒 60毫升
橙汁 適量
橙 1片
冰塊 適量

建議酒杯

碟形香檳杯
雞尾酒杯

製作步驟

1. 將氈酒和橙汁倒入裝有冰塊的冷卻碟形香檳杯中。

2. 適度攪拌後，再以橙片作為杯口裝飾即可。

Tips

螺絲起子的流行與《鐵漢柔情》這部偵探劇有着直接的關係。私家偵探菲利普・馬羅的一句台詞：「喝螺絲起子現在還太早了點兒。」讓螺絲起子一躍成為知名雞尾酒。從此，螺絲起子成了偵探劇的必備道具。

Bramble

紅莓雞尾酒

紅莓雞尾酒是一種非常傳統和常見的夏日雞尾酒飲料，其鮮紅的色彩和誘人的果實，非常富有夏日的感覺。

配方

氈酒 40毫升
鮮榨檸檬汁 20毫升
紅莓 6顆
黑醋栗甜酒 15毫升
糖漿 15毫升
冰塊 適量

建議酒杯

古典杯
雞尾酒杯

製作步驟

1. 杯中倒入鮮榨檸檬汁、洗淨搗碎的紅莓（留一兩顆），再放入冰塊。

2. 將黑醋栗甜酒、糖漿、氈酒倒入搖酒器中拌勻。

3. 將搖酒器中的酒液倒入杯中，攪拌均勻。

4. 再放入一兩顆原整的紅莓裝飾即可。

Tips

紅莓雞尾酒甜而不膩、清新爽口，加入冰塊後的效果更好。糖漿的份量可自行調整，特別對於女士來說，可以相對加大糖漿的份量。如果你不是紅莓的愛好者，換成其他新鮮的漿果也會有同樣的效果。

Pomegranate Martini
石榴馬天尼

這款雞尾酒非常具有大都會的風情,它呈現的鮮紅色就如都市裏閃爍的霓虹燈一般,艷麗而時尚,光彩且誘人。

配方

氈酒 40毫升
石榴糖漿 15毫升
石榴汁 60毫升
石榴籽 適量
冰塊 適量

製作步驟

1. 將氈酒、石榴汁與石榴糖漿放入有冰塊的搖酒器中搖勻。

2. 倒入雞尾酒杯中,放入石榴籽即可。

建議酒杯

雞尾酒杯
瑪格麗特杯

Tips

石榴馬天尼的口感既有些甜又包含着氈酒的「辣」,透過紅寶石色的酒液,可以看見杯底沉澱的一顆顆如寶石般的石榴籽,令這款雞尾酒的整體視覺效果有虛幻的感覺,充滿神秘的都市氣息。

Orange Fizz

香橙費士

香橙費士是一款有別於氈費士的特調雞尾酒,果味酸甜的香橙代替了青檸,搭配清香爽口的氈酒更能夠激發品酒人士的味蕾,它適合在夏季飲用並且非常適合單飲。

配方

氈酒 45毫升
梳打水 220毫升
橙汁 30毫升
檸檬汁 15毫升
白砂糖 5克
冰塊 適量
淨橙皮 少許

製作步驟

1. 在搖酒器中加入氈酒、橙汁、檸檬汁以及白砂糖並添加適量冰塊。

2. 搖酒器蓋好後握在手中用力上下搖晃。

3. 將搖晃好的雞尾酒倒入杯中並添加梳打水。

4. 將削好的橙皮打結放入杯中以作裝飾。

建議酒杯

梅森杯
柯林杯

Tips

要調製出口感極佳的香橙費士,要掌握好橙汁與糖水的比例,調製完成後的雞尾酒,既富有橙汁的香甜氣味又兼有梳打水的清爽,是一款適合短飲的雞尾酒。夏天飲用能夠驅散炎熱的煩悶心情,令人感到清爽和愉悅。

Polar Balaenoptera Musculus
極地藍鯨

深深淺淺的色澤充滿着奇幻魅力，使這款雞尾酒的視覺滿分，動人的名字也令人嚮往，其清冽香甜的氣息更是引人，是一款令人心情輕鬆愉悅的雞尾酒。

配方

亨利爵士氈酒 30毫升
藍橙力嬌酒 10毫升
湯力水 適量
青檸檬片（或塊） 適量
冰塊 適量

建議酒杯

海波杯
柯林杯

製作步驟

1. 在杯中放入青檸檬片和冰塊。

2. 然後緩緩倒入亨利爵士氈酒。

3. 接着加入湯力水至杯子八成滿，攪拌使大量氣泡產生後，直至湯力水逐漸透明。

4. 最後沿着杯壁緩緩倒入藍橙力嬌酒即可。

Tips

　　氈酒香氣和諧、口味協調、醇和溫雅、酒體潔淨，具有淨、爽的自然風格，味道清新爽口，與湯力水調和，就是完美的搭配。藍橙力嬌酒的緩緩「墜落」，就好像極地島嶼冰山融化攪動起的陣陣海水。甘冽清透的冰凍口感輕易就喚醒了炎熱午後的沉睡細胞。

Hecate

赫卡忒

　　和名字一樣美麗動人的雞尾酒，加入石榴糖漿及帶有香甜的氣息，受到眾多女士們的喜愛，是一款非常適合閨蜜聚會時飲用的雞尾酒。

配方

氈酒 30毫升
湯力水 適量
石榴糖漿 10毫升
冰塊 少許
青檸檬片 適量

建議酒杯

海波杯
柯林杯

製作步驟

1. 首先將冰塊倒入杯中。

2. 接着在杯中加入氈酒。

3. 然後再倒入湯力水，攪拌至氣泡消散。

4. 最後沿着杯壁緩緩倒入石榴糖漿，加入青檸檬片裝飾即可。

Tips

　　酒的名字源於希臘神話的夜之女神，也是幽靈和魔法的女神，是最早出現的神，世界的締造者之一，創造了地獄，代表了世界的黑暗面。這杯雞尾酒充滿了誘惑氣息，飄散在夜幕降臨的光景裏。

My Blueberry Nights
藍莓之夜

　　一款充滿故事感的雞尾酒，冷靜而迷人的藍色讓人充滿想像，在細細品味中更是令人喜愛它獨特的香氣，是一款適合長飲的雞尾酒。

配方

氈酒 30毫升
湯力水 適量
藍橙力嬌酒 10毫升
石榴糖漿 10毫升
香蕉力嬌酒 5毫升
冰塊 適量
青檸檬皮 1條
去皮青檸檬片 適量

建議酒杯

柯林杯
海波杯

製作步驟

1. 先將冰塊放入杯中，放適量去皮青檸檬片。

2. 然後在杯中加入氈酒。

3. 再倒入湯力水，攪拌至氣泡消散。

4. 緩緩倒入石榴糖漿沉底。

5. 倒入藍橙力嬌酒，使其浮於石榴糖漿之上。

6. 接着將香蕉力嬌酒澆於最上層冰塊。

7. 最後用青檸檬皮做裝飾即可。

Tips

　　這款酒雖然叫作藍莓之夜，卻沒有絲毫藍莓的味道，只是源於一部同名電影，因電影中一位喜愛藍莓批的女孩而誕生的雞尾酒。酒中微微的漿果氣息和酒精的激情完美融合，猶如豆蔻年華少女的夢，充滿了浪漫和神秘。

龍舌蘭酒為基酒的雞尾酒

龍舌蘭酒，顧名思義，就是用龍舌蘭的各個部位釀製而成，它是最常用的基酒之一，常出現於口味厚重的雞尾酒之中。龍舌蘭酒又被稱為特基拉酒，被視為墨西哥國酒，它香氣特別，酒味強烈，調製出的雞尾酒有獨特的個性。

Tamarindo Y Tequila

塔瑪琳多 龍舌蘭酒

溫和的色調帶着微微酸澀的口感，讓人不禁沉醉於這迷人的味道之中。

配方

龍舌蘭酒 60毫升
君度橙酒 15毫升
檸檬汁 15毫升
糖漿 15毫升
羅望子 50克
小辣椒 2隻
檸檬 1角
冰塊 適量
海鹽 少許
水 200毫升

建議酒杯

古典杯

製作步驟

1. 把羅望子去殼後放入鍋中，加水並用火加熱，直到煮至爛為止，熄火後浸泡5分鐘，過濾至容器中冷卻製成羅望子醬備用。

2. 在杯中放入糖漿、搗碎的小辣椒，混合。

3. 杯口用檸檬擦拭，然後黏上少許海鹽。

4. 把龍舌蘭酒、君度橙酒、檸檬汁、10克羅望子醬、冰塊倒入搖酒器中，大力搖勻倒入裝有冰塊的杯中。

5. 用檸檬角裝飾即可。

Tips

　　龍舌蘭酒是墨西哥的特產，被稱為墨西哥的靈魂。墨西哥人對龍舌蘭酒情有獨鍾，常淨飲，每當飲酒時，先在手背上倒些海鹽末來舐食，然後用醃製過的辣椒乾、檸檬乾佐酒，恰似火上加油。

Sloe Tequila
野莓龍舌蘭

野莓氈酒和小青瓜的奇妙組合,讓雞尾酒帶有濃濃的果香氣息,彷彿帶着廣袤田園的自然香氣。

配方

龍舌蘭酒 30毫升
野梅氈酒 15毫升
小青瓜 1根
檸檬汁 15毫升
碎冰 適量

建議酒杯

古典杯
坦布勒杯

製作步驟

1. 將龍舌蘭酒、野梅氈酒、檸檬汁放入搖酒器中搖勻,倒入裝有碎冰的古典杯中。

2. 附上吸管與小青瓜即可。

Tips

在古老的英國,野莓氈酒是一種鄉下人喝的酒,當他們獵狐狸的時候喜歡喝這種酒提神。它是將野莓漿果放在氈酒裏浸泡,再加些果實材料,裝進木桶所釀成的。

Tequila Slammer

地獄龍舌蘭

簡約卻不簡單，很適合用來形容這款雞尾酒。簡單的配方，純淨透徹的雞尾酒，卻帶着濃烈的口感，讓人不可小覷。

配方

冰鎮龍舌蘭酒 30毫升
檸檬汁 適量
冰鎮有汽水 適量

建議酒杯

古典杯
雞尾酒杯

製作步驟

1. 在酒杯中倒入冰鎮龍舌蘭酒。

2. 擠入適量檸檬汁。

3. 加入冰鎮有汽水至九成滿。

4. 用手緊緊蓋住酒杯5~15秒，使其混合即可。

Tips

如一口氣將雞尾酒全部飲下去，彷似如箭般穿腸而過，配合着檸檬汁的清爽和有汽水的效果，給心肺帶來灼熱感，是一款適合短飲的雞尾酒。地獄龍舌蘭能夠讓人感受到它強烈熾熱的魅力，獨有的簡單、利落的個性，令人難忘、鍾情。

Chile Citrus Margarita

智利柑橘瑪格麗特

　　同樣是瑪格麗特系列，但這一款有柑橘的清香夾在其中，帶來清新的氣息。是一款非常適合女士的雞尾酒，給人帶來甜美的心情。

配方

智利檸檬龍舌蘭酒 85毫升
君度橙酒 30毫升
青檸汁 60毫升
橙汁 60毫升
青檸 1片
粗鹽 適量
冰塊 適量

建議酒杯

古典杯
瑪格麗特杯

製作步驟

1. 用青檸片擦拭杯緣，然後黏上粗鹽。

2. 把智利檸檬龍舌蘭酒、君度橙酒、青檸汁、橙汁、冰塊倒入搖酒器中搖勻。

3. 倒入備好的杯中，用青檸片裝飾即可。

Tips

　　這款酒還可以加入30毫升糖漿來增加甜味，如果把君度橙酒換成藍橙力嬌酒就叫作「藍色瑪格麗特」，把白色龍舌蘭酒換成金色龍舌蘭酒就叫「金色瑪格麗特」。

Lemon Mint Margarita
檸檬薄荷瑪格麗特

糖漿、檸檬和薄荷的組合，在酒精的調和下給雞尾酒帶來絕佳的口感，酸甜度恰到好處，令人印象深刻。

配方

布蘭卡龍舌蘭酒 40毫升
君度橙酒 30毫升
新鮮檸檬汁 15毫升
新鮮青檸汁 15毫升
糖漿 15毫升
檸檬 1片
薄荷葉 適量
冰塊 適量
粗鹽 適量

製作步驟

1. 用檸檬片擦拭杯緣，然後黏上粗鹽，或用專用調料製作雪花邊。

2. 將布蘭卡龍舌蘭酒、君度橙酒、新鮮檸檬汁、新鮮青檸汁、糖漿、薄荷葉放入加冰塊的搖酒器中，搖勻後倒入裝有冰塊的杯中。

3. 用薄荷葉和檸檬片裝飾即可。

建議酒杯

碟形香檳杯
瑪格麗特杯

Tips

如果你向不同的調酒師問瑪格麗特的配方，你會得到略有差別的結果。沒關係的，這正是瑪格麗特的魅力。沒有絕對的標準，覺得太甜了，就再加8~10毫升酸橙。太酸了，就加龍舌蘭酒及8~10毫升橙皮酒，或兩者都加。感覺太烈，就減掉8~10毫升龍舌蘭酒吧！

Straw Hat

草帽

感謝大自然的饋贈和人類的聰慧,將番茄汁和龍舌蘭酒調成雞尾酒,讓味蕾有這番美妙的體驗。

配方

龍舌蘭酒 45毫升
檸檬 1/6個
番茄汁 少許
冰塊 適量

製作步驟

1. 將龍舌蘭酒倒入坦布勒杯中。

2. 再將番茄汁倒入杯中。

3. 加入冰塊後在杯口放上檸檬作為裝飾即可。

建議酒杯

坦布勒杯
雞尾酒杯

Tips

為了使口感更好,可用榨汁器榨取檸檬汁後摻入飲用。

Matador

鬥牛勇士

從名稱上看，這是一款具有挑戰性的雞尾酒，要飲後才能體會其中的奧妙，若是不喜歡過酸的口感，可以適當調節青檸汁和菠蘿汁的用量，但是具有挑戰味蕾的純正味道，才是調製鬥牛勇士的真諦。

配方

龍舌蘭酒 30毫升
菠蘿汁 45毫升
青檸汁 5毫升
菠蘿 1片
冰塊 適量

製作步驟

1. 將水果、冰塊以外的材料倒入搖酒器中搖和。

2. 將搖和好的酒倒入杯中再加入冰塊。

3. 用菠蘿片做裝飾。

建議酒杯

古典杯
雞尾酒杯

Tips

這是一款歸為熱帶雞尾酒的飲品，被命名為具有硬派形象的「鬥牛勇士」。如果想調製出與其酒名相配的烈性味道，就應該增加龍舌蘭酒的份量。

Mockingbird
反舌鳥

這款雞尾酒非常適合夏天飲用,清新、冰涼,令人難以忘懷。

配方

龍舌蘭酒 60毫升
綠色薄荷酒 8毫升
檸檬汁 8毫升
碎冰 適量

製作步驟

1. 將所有材料放入搖酒器中充分搖和。

2. 過濾倒入冰鎮過的雞尾酒杯中即可。

建議酒杯

碟形香檳杯
雞尾酒杯

Tips

　　反舌鳥是一款薄荷雞尾酒,擁有強烈的刺激性,能給品嘗者帶來興奮。試想一下,在炎熱的夏天,將調好的反舌鳥倒入預先冰鎮過的酒杯中,將帶來無以倫比的口感和觸感的雙重冰涼體驗。

龍舌蘭日落

Tequila Sunset

　　龍舌蘭日落誘人的色澤，讓人受不了想要品嘗它的味道，而它美好的名字更能讓人牢牢記住。龍舌蘭本是一種仙人掌科的植物，釀製成酒其醇厚濃烈的口感及香氣令調酒有獨特的氣息。

配方

龍舌蘭酒 30毫升
檸檬汁 30毫升
石榴糖漿 10毫升
檸檬 1片
碎冰 適量

建議酒杯

古典杯
力嬌酒杯

製作步驟

1. 將龍舌蘭酒、檸檬汁、石榴糖漿和碎冰一起放入攪拌機中攪拌。

2. 將攪拌好的酒倒入古典杯中。

3. 用檸檬片裝飾，再插上攪拌棒即可。

Tips

　　龍舌蘭酒又稱「特基拉酒」，是墨西哥的特產，被稱為墨西哥的靈魂，此酒以產地命名。

伏特加為基酒的雞尾酒

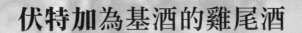

　　沒有經過任何人工添加及調製的伏特加，是世界基酒之首。它沒有雜質、沒有雜味，絲毫不影響雞尾酒的口感，它無色透明、酒液純淨，極其包容其他輔料的融入。伏特加帶着自身的柔軟和平滑，倍增雞尾酒的美味。

Illusion
幻覺

這是一款帶有異國風情、令人神往的雞尾酒，充滿迷幻的色彩令人期待它的味道；水果的香氣和酒精之間激蕩出的味道一定不會令你失望。

配方

伏特加 60毫升
哈密瓜力嬌酒 15毫升
白橙皮力嬌酒 15毫升
青檸汁 15毫升
檸檬水 適量
薄荷葉 1片
檸檬 1片
車厘子 1顆
冰塊 適量

製作步驟

1. 將1片洗淨的薄荷葉放入搖酒器中搗碎。

2. 將伏特加、哈密瓜力嬌酒、白橙皮力嬌酒、青檸汁、冰塊倒入搖酒器中充分搖勻後，過濾到盛有冰塊的酒杯中。

3. 用檸檬水沖滿杯，攪拌，最後用檸檬片和車厘子點綴即可。

建議酒杯

柯林杯
古典杯

Tips

幻覺，又名尋找夢幻島，是一款據說來自熱帶島國的雞尾酒。清涼爽快，還有純淨的伏特加帶來男人原始的氣味，飲用之後彷彿化身海盜船長；帶着如此清新可人的美酒餘韻，尋找屬於自己的夢幻島吧！

Salty Dog
鹹狗

　　逗趣的名稱是否也有着同樣令人驚喜的味道？鹹狗帶來的是大海般的味道，大概是粗鹽帶來的利落感，讓人不由得喜歡上這款可愛又味道獨特的雞尾酒。

配方

伏特加 60毫升
西柚汁 適量
粗鹽 20克
砂糖 20克
檸檬片 1片
冰塊 適量

建議酒杯

古典杯
雞尾酒杯

製作步驟

1. 將砂糖和粗鹽放在一個小碟子裏混合均勻。

2. 用檸檬片擦拭酒杯邊緣，轉一周用檸檬汁擦濕杯口。

3. 把酒杯倒置在小碟子上轉一周，做雪花邊。

4. 在酒杯裏放入九成滿的冰塊，倒入伏特加、西柚汁，輕輕攪拌幾下即可。

Tips

　　「鹹狗」一詞是英國人對滿身海水船員的蔑稱，因為他們總是渾身泛着鹽花，這款雞尾酒的調製風格與之相似；西柚汁的酸和鹽的鹹使伏特加的酒香更加濃郁，故名「鹹狗」；是一款向海事工作者致敬的雞尾酒。

伏特加綠酒

Vodka Midori

在伏特加綠酒中我們可以體味到以莫斯科蜜瓜為原料的蜜瓜力嬌酒——「綠酒」的清香。酒杯中那鮮亮的色彩，十分迷人。

配方

伏特加 45毫升
蜜瓜力嬌酒 15毫升
冰塊 適量

製作步驟

1. 首先在古典杯中放入八成滿的冰塊。

2. 將伏特加、蜜瓜力嬌酒倒入杯中。

3. 輕輕攪均勻即可。

建議酒杯

古典杯
柯林杯

Tips

伏特加綠酒是一款來自俄羅斯的雞尾酒，這款餐後雞尾酒有悠久的歷史，是一款酒精濃度較高的雞尾酒。

Cucumber Cape Codder
青瓜海角樂園

　　雖然青瓜與蔓越莓的搭配看起來有些生硬,但是卻可以產生奇妙的味道,在雞尾酒的世界裏充滿着無限的可能性,人們總能從循規蹈矩裏找到樂趣。

配方

冰鎮伏特加 15毫升
無糖蔓越莓汁 30毫升
新鮮青檸汁 8毫升
砂糖 15克
碎青瓜與青瓜塊 適量
冰塊 適量
水 200毫升

建議酒杯

海波杯
古典杯

製作步驟

1. 把砂糖和水放入鍋中加熱煮沸,讓糖融化,熄火,加入碎青瓜,冷卻製成青瓜糖漿。

2. 青瓜糖漿用過濾網過濾至玻璃杯中,把青瓜糖漿、冰鎮伏特加、蔓越莓汁、青檸汁一同調和。

3. 最後倒入杯中,加入冰塊,用青瓜塊裝飾即可。

Tips

　　蔓越莓與青瓜看似是個奇怪的搭配,但卻很適合女士飲用。只要在伏特加裏混入蔓越莓汁,就是夏天最受歡迎的飲品了。

Vincent Van Gogh
醉酒的梵高

漂亮的外觀搭配充滿藝術感的名稱，醉酒的梵高充滿着浪漫的藝術氣息，非常適合約會時飲用，同時醇厚的口感也是男士們喜愛的雞尾酒款式。

配方

伏特加 30毫升
藍橙力嬌酒 15毫升
菠蘿汁 30毫升
檸檬汁 5毫升
冰塊 適量

建議酒杯

雞尾酒杯
古典杯

製作步驟

1. 將伏特加、菠蘿汁、檸檬汁倒入盛有冰塊的搖酒器裏，搖至外部結霜後濾入冰鎮過的雞尾酒杯中。

2. 用長匙將藍橙力嬌酒緩緩注入，分層後即可。

Tips

這款雞尾酒外觀獨特，色彩艷麗，其分層效果讓整個酒品充滿了趣味，大家也可以自己做一杯試試，可以感受其中的樂趣。這款酒品的果汁味比較濃郁。

Bloody Mary

血腥瑪麗

充滿着熱情的紅色讓人更期待它的口感，獨特的胡椒鹽、辣椒油配方，讓這款雞尾酒充滿挑戰性。

配方

伏特加 40毫升
番茄汁 90毫升
檸檬汁 15毫升
辣椒油 少許
胡椒鹽 少許
西芹葉 少許
檸檬片 少許
冰塊 適量

製作步驟

1. 將冰塊倒入杯中，再倒入伏特加。

2. 把番茄汁、檸檬汁、辣椒油、胡椒鹽倒入杯中，輕輕攪勻。

3. 最後可以用檸檬片裝飾，並附上一根西芹葉。

建議酒杯

古典杯
雞尾酒杯

Tips

血腥瑪麗在西方流行的原因是，除了它有挑戰性外，還因為它的名字與一款非常流行的通靈遊戲雷同。

Sex On The Beach
激情海岸

這是一款非常適合在夏天飲用的雞尾酒，鮮明亮麗的色澤會讓人心情愉悅，同時水蜜桃酒和菠蘿汁的甘甜會讓女士更喜愛這款雞尾酒，給人帶來夏天般明媚的心情。

配方

伏特加 30毫升
黑醋栗力嬌酒 15毫升
水蜜桃酒 15毫升
菠蘿汁 30毫升
冰塊 適量
檸檬皮 1條

建議酒杯

果汁杯
柯林杯

製作步驟

1. 在搖酒器中加少許冰塊，將其餘材料（除檸檬皮外）倒入搖酒器中搖和均勻。

2. 在酒杯中放入九成滿的冰塊，將搖酒器中調好的雞尾酒倒入杯中。

3. 最後將檸檬皮置於杯口作為裝飾即可。

Tips

這款雞尾酒的來源有兩種說法：第一種說法是某美國餐飲連鎖店的調酒師於1980年創作的；第二種說法來自影星湯告魯斯1988年主演的電影《花心情聖》。

Black Russian
黑色俄羅斯

　　黑色俄羅斯聽起來就是一款味道濃烈的雞尾酒，而事實正是如此，黑色俄羅斯以其簡單卻醇厚的口感贏得了眾多男士的喜愛。

配方

皇冠伏特加 40毫升
咖啡力嬌酒 20毫升
冰塊 適量

製作步驟

1. 寬口杯中放入六成滿的冰塊。
2. 倒入伏特加與咖啡力嬌酒，輕輕攪拌即可。

建議酒杯

威士忌杯
古典杯

Tips

　　這款雞尾酒的酒味芬芳，飲後能提神，宜餐後飲用，能夠給味蕾帶來獨特的享受。這款雞尾酒出現在20世紀中期的美國，由來卻沒有明確的說法，它並非來自於哪一個俄羅斯酒吧，或者是像某些經典雞尾酒那樣是遠渡重洋後在美國落地開花的，但是我們至今仍在享受它帶來的無窮魅力。

White Russian

白色俄羅斯

相比黑色俄羅斯而言，白色俄羅斯以其忌廉咖啡的細膩感贏得了女士們的喜愛，並讓酒精的影響力降低了，同時又不會破壞掉雞尾酒的口感和香氣。

配方

伏特加 40毫升
咖啡力嬌酒 20毫升
鮮忌廉 適量
冰塊 適量

製作步驟

1. 將伏特加和咖啡力嬌酒注入盛有冰塊的古典杯中調勻。

2. 從酒面上輕輕地淋入鮮忌廉，使其浮於表面即可。

建議酒杯

古典杯
雞尾酒杯

Tips

這款雞尾酒以伏特加為基酒，配以咖啡力嬌酒、鮮忌廉製作而成，名稱來自俄羅斯內戰時的一個反布爾什維克組織。

Flying Grasshopper

飛天蚱蜢

它清新翠綠的色澤，加上清冽的口感，有蚱蜢跳脫的特質。這是一款非常適合在聚會時大家共享的雞尾酒，能夠給人帶來愉悅的好心情。

配方

伏特加 30毫升
白可可力嬌酒 30毫升
綠薄荷力嬌酒 30毫升
冰塊 適量

製作步驟

1. 搖酒器中放入半杯冰塊，加入伏特加、白可可力嬌酒和綠薄荷力嬌酒，搖蕩至外部結霜。

2. 將雞尾酒過濾至冰鎮好的雞尾酒杯中即可。

建議酒杯

雞尾酒杯
力嬌酒杯

Tips

由白可可力嬌酒與薄荷酒兩種不同風味的力嬌酒加上伏特加搭配而成的雞尾酒，酒精濃度較高。本款雞尾酒是將「綠色蚱蜢」去掉鮮忌廉，換成伏特加，酒性更烈，故名「飛天蚱蜢」。

Vodka Tonic

伏特加湯力

同樣是一款調製非常簡單的雞尾酒，適合在家中飲用，這款雞尾酒清新簡單的口感，能夠讓人放鬆心情。

配方

伏特加 40毫升
湯力水 適量
檸檬片 適量
冰塊 適量

建議酒杯

威士忌杯
古典杯

製作步驟

1. 在平底杯中，裝六成滿的冰塊，倒入伏特加，加入湯力水至八成滿。

2. 攪拌均勻後放入調酒棒，加檸檬片做裝飾。

Tips

　　這款雞尾酒的名字取自它的配料伏特加和湯力水，故名為伏特加湯力。此款雞尾酒是以伏特加為基酒，配以湯力水為輔料、檸檬片為裝飾，採用攪合法調製而成的一款口感清涼爽口的雞尾酒。

Long Island Iced Tea
長島冰茶

長島冰茶不是茶，只是由於其色澤很像紅茶而得名。它起源於冰島，之後在美國紐約州長島推廣開來，現已風靡全球，也是星座雞尾酒中代表水瓶座的一款雞尾酒。

配方

黃檸檬 半個
青檸檬 半個
君度橙酒 15毫升
冧酒 15毫升
伏特加 15毫升
氈酒 15毫升
可樂 適量
冰塊 適量

製作步驟

1. 先取黃檸檬、青檸檬各半個，擠壓出30毫升檸檬汁。

2. 四種酒分別量取15毫升。

3. 取一隻較高的玻璃杯，並放滿冰塊。

4. 將檸檬汁和酒倒入杯中，再慢慢倒入可樂，使之呈現茶色。

5. 切一片黃檸檬在杯口作為裝飾即可。

建議酒杯

柯林杯
海波杯

Tips

長島冰茶中的配方基本都是40°以上的烈性酒，所以其酒精濃度不容小覷。而隨着時間的推移，人們也研發出了許多長島冰茶的變種，例如夏威夷冰茶，用紅莓酒取代君度橙酒，用雪碧取代可樂。

Blue Lagoon
藍色珊瑚礁

　　彷彿是藍天和大海相連的色澤，晶瑩剔透帶給人愉悅的視覺體驗，而帶着香氣的口感更是令人喜愛，是一款非常適合夏天長飲的雞尾酒。

配方

伏特加 40毫升
藍橙力嬌酒 30毫升
檸檬水 30毫升
梳打水 90毫升
檸檬 1片
冰塊 適量

製作步驟

1. 將伏特加、藍橙力嬌酒、梳打水倒入調酒杯中進行調和。

2. 調勻後在杯中放入適量冰塊。

3. 最後將檸檬水倒入杯中，再放上檸檬片裝飾即可。

建議酒杯

品特杯
海波杯

Tips

　　藍色珊瑚礁，於1960年誕生於法國巴黎。它由藍橙力嬌酒帶來鮮亮色澤，並用充分搖勻的調製方法製作出優質的口感。也有說法認為這款與電影《藍色珊瑚礁：覺醒》（Blue Lagoon: The Awakening）有關，因而使這款雞尾酒充滿了愛情的浪漫魅力。

威士忌為基酒的雞尾酒

琥珀色的威士忌彰顯著一副高貴、浪漫的高姿態，飲者舉杯，將其緩緩注入身體，那芳香瞬間瀰漫。威士忌高雅而獨特，它絕不會因他物的混入而減弱香氣，而將其作為基酒調製的雞尾酒更是備受人們喜愛。

Godfather

教父

褐色的教父雞尾酒如同其名，展現的就是一股神秘和酷勁兒。這款雞尾酒以蘇格蘭威士忌為基酒，配以杏仁力嬌酒製成，檸檬片的點綴又為其增添絲絲酸爽。

配方

蘇格蘭威士忌 45毫升
杏仁力嬌酒 15毫升
檸檬 1片
冰塊 適量

製作步驟

1. 在杯中加八成滿冰塊。

2. 加入蘇格蘭威士忌與杏仁力嬌酒，用長匙輕攪幾下。

3. 將檸檬片裝飾於杯口，置於杯墊上即可。

建議酒杯

古典杯
威士忌杯

Tips

此款雞尾酒與哥普拉導演的著名美國黑幫影片《教父》同名，而教父是黑手黨首領的稱謂。此款雞尾酒是以意大利產杏仁力嬌酒為輔料調和而成，酒品中有着威士忌的馥郁芳香和杏仁的濃厚味道。

Filibuster
海盜

　　清新的色澤是否少了些海盜的氣勢，大概是想讓人們記住海盜也有柔和的內心吧！微微苦澀的獨特味道令人想到帶着鹹味的海風。

配方

黑麥威士忌 40毫升
檸檬汁 20毫升
楓糖漿 15毫升
蛋白 1個
苦酒 1滴
冰塊 適量

製作步驟

1. 把黑麥威士忌、檸檬汁、楓糖漿、蛋白倒入搖酒器中搖成奶昔狀。

2. 加入4塊冰搖和20秒。

3. 將調好的酒濾入杯中，最後滴入苦酒即可。

建議酒杯

海波杯
柯林杯

Tips

　　人們較為熟知的是以冧酒為基酒的「海盜」，而這款以威士忌為基酒，有檸檬的清冽，楓糖的甘甜，再加上苦酒的沉澱，更是一款口味獨特的「海盜」。口感清涼爽快，還有純淨的威士忌帶來男人原始的氣味，飲用之後彷彿化身海盜船長；帶着如此清新可人的美酒餘韻，去尋找屬於自己的夢幻吧！

Manhattan
曼克頓

優雅的色澤讓人想要一飲而盡，甘甜的香氣卻令人想細細品味這美式的浪漫。

配方

辛辣威士忌 20毫升
甜味苦艾酒 10毫升
車厘子 1顆

製作步驟

1. 除車厘子外，其他材料都倒入調酒杯中調和。

2. 調和好後將酒倒入雞尾酒杯中，用車厘子裝飾即可。

建議酒杯

雞尾酒杯
瑪格麗特杯

Tips

曼克頓是酒會不可缺少的飲品。如果遵循美式的飲用習慣，可在酒中加冰飲用。如果要調和美式雞尾酒，就需要用美國出產的威士忌，基酒可選用辛辣威士忌。如果手頭沒有，可用旁波威士忌代替。

New Yorker
紐約

　　濃艷的色澤令人對它的味道充滿了遐想，石榴糖漿的甘甜在威士忌的融合下給味蕾帶來驚喜的享受，是一款非常適合夏天飲用的雞尾酒。

配方

混合威士忌 60毫升
檸檬汁 30毫升
石榴糖漿 5毫升
檸檬皮 少許
碎冰 適量

製作步驟

1. 將檸檬皮扭成螺旋狀待用。

2. 將混合威士忌、檸檬汁、石榴糖漿與碎冰倒入搖酒器中。

3. 充分搖勻後，過濾倒入冷卻的雞尾酒杯中。

4. 最後放上少許檸檬皮作為裝飾即可。

建議酒杯

古典杯
雞尾酒杯

Whisky Sour

威士忌酸酒

酒如其名帶着微微的酸味，卻不是令人皺眉的酸度，而是清新、清爽，令人精神一振。

配方

威士忌 45毫升
檸檬汁 20毫升
砂糖 5克
梳打水 少量
檸檬 1片
車厘子 1顆

製作步驟

1. 將威士忌、檸檬汁、砂糖倒入搖酒器中劇烈搖和。

2. 將搖和好的酒倒入酒杯中，然後用檸檬片和櫻桃裝飾。

3. 用梳打水添滿剩餘空間，最後慢慢調和即可。

建議酒杯

海波杯
古典杯

Tips

「Sour」是酸味的意思，可以在基酒中加入檸檬汁和糖。原則上酸酒應使用蒸餾酒，如果用白蘭地做基酒的話，那麼就叫白蘭地酸酒。另外也有使用力嬌酒做基酒調和的，其中最具代表性的就是杏仁酸酒。

Hole in One

一桿進洞

辛辣的口感如同名字般利落，細細品味能夠品出它複雜而醇厚的味道，是一款非常受男士們喜愛的雞尾酒。

配方

威士忌 20毫升
辛辣苦艾酒 10毫升
檸檬汁 30毫升
橙汁 30毫升

建議酒杯

碟形香檳杯
雞尾酒杯

製作步驟

1. 首先將所有材料倒入搖酒器中搖勻。

2. 將搖勻後的酒倒入雞尾酒杯中（可用檸檬皮裝飾）。

Tips

一桿進洞，別名冰茶，在沒有使用半滴紅茶的情況下調製出具有紅茶的色澤。它的口味比辛辣曼克頓還複雜些，因口感獨特而受人們喜愛。

Steamroller
壓路機

這款雞尾酒和它的名字同樣霸道，霸道地用酒香佔據你的味蕾，是一款非常適合午後、夜晚飲用的雞尾酒！

配方

接骨木花力嬌酒 30毫升
青檸汁 30毫升
威士忌 30毫升
櫻桃力嬌酒 15毫升
冰啤酒 20毫升
檸檬皮 1條
冰塊 適量

製作步驟

1. 預先將杯子冰鎮。

2. 搖酒器中倒入接骨木花力嬌酒、青檸汁、威士忌、櫻桃力嬌酒，添加一半的冰塊搖和均勻。

3. 將調好的酒倒入冷卻的玻璃杯中，加入檸檬皮。

4. 最後倒入冰啤酒即可。

建議酒杯

白蘭地杯
香檳杯

Tips

接骨木花力嬌酒搭配青檸、櫻桃力嬌酒的清冽，威士忌的感性口感，再加上冰鎮的口感沁人心脾，令人暢快暑氣全消。

Hot Whisky Toddy

熱威士忌托地

　　托地是雞尾酒的一個類別。是指烈酒裏面加入了糖和檸檬，並注入熱水的酒的總稱。

配方

蘇格蘭威士忌 45毫升
蜂蜜 10毫升
檸檬汁 10毫升
方糖 1塊
熱水 適量
檸檬片 1片

製作步驟

1. 首先在玻璃杯中注入蘇格蘭威士忌。
2. 加入蜂蜜、檸檬汁進行攪拌。
3. 加入方糖。最後倒入熱水調和，用檸檬片裝飾即可。

建議酒杯

啤酒杯
颶風杯

Tips

　　蘇格蘭蘊藏着一種稱為泥煤的煤炭，這種煤炭在燃燒時會發出特有的煙燻氣味，泥煤是當地特有的苔蘚類植物經過長期腐化和炭化形成的，在蘇格蘭製作威士忌酒的傳統工藝中要求必須使用這種泥煤來烘烤麥芽。因此，蘇格蘭威士忌的特點之一就是具有獨特的泥煤燻烤芳香味。

Rusty Nail
銹釘

晶瑩的酒液有清新的視覺感，酒味剛烈辛辣，伴隨冰塊的清冽感讓味蕾得到全新的體驗。

配方

蘇格蘭威士忌 30毫升
杜林標酒 20毫升
大冰塊 適量

建議酒杯

古典杯
白蘭地杯

製作步驟

1. 將大冰塊放入古典杯中。

2. 加入蘇格蘭威士忌和杜林標酒後輕輕調和即可。

Tips

如果直譯，「銹釘」就是生銹的釘子的意思，給人一種陳舊物品的感覺，或許理解為「陳釀」更合適。實際上，這款雞尾酒的歷史很短，越戰時期才迅速在各地流行，是一種比較新的飲品。這款具有懷舊蘇格蘭風味的酒，還可根據個人的喜好加入檸檬皮擠的汁；在調和辛辣口味的雞尾酒時，為了突出酒精的影響力，還可以加入少量苦艾酒。

Irish Coffee

愛爾蘭咖啡

咖啡和雞尾酒能夠迸出令人驚喜的火花，同樣是一款有故事的雞尾酒，熱飲更暖心，是不一樣的雞尾酒體驗。

配方

黑咖啡 180毫升
愛爾蘭威士忌 30毫升
冰糖 15克
發泡鮮忌廉 適量

建議酒杯

咖啡杯
愛爾蘭咖啡杯

製作步驟

1. 在加熱專用杯中放入冰糖和愛爾蘭威士忌，然後將杯子放在專用熱酒架上進行溫酒，不斷轉動咖啡杯直至杯中的冰糖化開。

2. 接着將黑咖啡倒入溫好的咖啡杯內。

3. 在咖啡表面擠上發泡鮮忌廉裝飾即可。

Tips

1952年，美國記者斯坦乘坐的飛機在愛爾蘭西部的Shannon機場着陸，低溫和強風耽誤了他去美國的航程。斯坦在候機大廳裏的雞尾酒吧台問調酒師：在這種天氣裏你會建議我喝點甚麼？於是調酒師調製了一杯熱飲，斯坦品嘗過後感覺極好，問調酒師這是甚麼，調酒師說這是我們的咖啡，我們稱它為「愛爾蘭咖啡」。

白蘭地為基酒的雞尾酒

白蘭地，美麗的琥珀色更給它添上一抹神秘的色彩。原先透明純淨、酒性濃烈的它，放在橡木桶內貯藏，在時光的洗禮下，口感變得柔和，香味變得純正，顏色更是變得亮澤。白蘭地就是要讓飲者慢慢享受，感受那份高雅與舒暢。

Midsummer

仲夏

三種酒相互衝擊迸出的味道，就像炎夏空氣中浮動的複雜氣息，融入冰塊，它那冰涼感覺，消除了夏日的燥熱。

配方

白蘭地 40毫升
西班牙曼柴尼拉雪利酒 20毫升
聖日耳曼接骨木花力嬌酒 8毫升
檸檬皮 少許
冰塊 適量

製作步驟

1. 把三種酒倒入調酒杯中，加入冰塊攪拌30秒。

2. 濾入冰鎮過的杯中，用檸檬皮裝飾即可。

建議酒杯

雞尾酒杯
瑪格麗特杯

金李子與鼠尾草雞尾酒

Golden Plum and Sage Cocktail

這款雞尾酒的名字充滿了童趣，微微香甜的氣息融合在酒的香氣裏，味道讓人回味良久。

配方

皮斯科秘魯白蘭地 40毫升
有汽葡萄酒 30毫升
桃味苦酒 5毫升
蜂蜜 20毫升
檸檬汁 15毫升
金色李子 半個
鼠尾草 少許
鹽 少許
冰塊 適量
檸檬 1片
車厘子 1顆

製作步驟

1. 調酒杯中先放入3片鼠尾草，再加入蜂蜜輕輕搗碎，釋放油脂。

2. 把半個李子洗淨去核切開，放入調酒杯中搗碎。

3. 將白蘭地、桃味苦酒、檸檬汁、少許鹽倒入調酒杯中。

4. 再加入有汽葡萄酒，然後放入冰塊搖和調酒杯約10秒。

5. 濾入酒杯中，最後用檸檬片、車厘子裝飾即可。

建議酒杯

古典杯
雞尾酒杯

Tips

這款口感酸甜適中的雞尾酒，非常適合女士們聚會時享用，一同享受繽紛爛漫的午後時光，享受陽光微醺的甜美情懷。

Yuzu Sidecar

柚子邊車

　　邊車（Sidecar），這款雞尾酒在第一次世界大戰結束時調製而成，名字是為了紀念一位美國的上尉，他喜歡騎着摩托邊車在巴黎遊玩，故雞尾酒命名為邊車。

配方

白蘭地 40毫升
君度橙酒 20毫升
柚子汁 20毫升
砂糖 適量
柚子皮 少許
冰塊 適量

製作步驟

1. 用柚子皮擦拭杯子邊緣後，倒置於有砂糖的碟中，讓杯子形成雪花邊。

2. 搖酒器中倒入白蘭地、君度橙酒、柚子汁和冰塊搖和10秒。

3. 倒入冰鎮過的杯中。

4. 用柚子皮裝飾即可。

建議酒杯

雞尾酒杯
白蘭地杯

Metropolitan No. One
大都會 1 號

大都會 1 號帶着和大城市般多樣化卻又融合的味道，微甜的香氣又帶着爽口辛辣的口感，大概就是和大都會一樣，相互包容卻又矛盾重重，令人覺得神秘又誘人。

配方

白蘭地 40毫升
甜味美思 20毫升
安格斯圖拉苦味酒 5毫升
砂糖 5克

製作步驟

1. 首先將所有材料倒入搖酒器中搖勻。

2. 將調好的酒注入雞尾酒杯中即可。

建議酒杯

雞尾酒杯
力嬌酒杯

Tips

配方中的甜味美思和砂糖可能會給人很甜的感覺，但實際上這是一款格外清新爽口的辛辣口味雞尾酒，可能是因為1大滴安格斯圖拉苦味酒控制着整杯酒口味的緣故。

American Beauty

美國麗人

熾熱而動人的紅色充滿誘人的視覺感,這是一款極具女士特色的雞尾酒,味道迷人香甜,氣息清新,令人難以忘懷。

配方

白蘭地 20毫升
乾威末酒(又叫乾味美思) 20毫升
橙汁 20毫升
石榴糖漿 10毫升
綠薄荷力嬌酒 5毫升
紅寶石波特酒 15毫升
玫瑰花瓣 1瓣
冰塊 適量

製作步驟

1. 將冰塊放入調酒杯中。

2. 將白蘭地、乾威末酒、橙汁、石榴糖漿、綠薄荷力嬌酒倒入調酒杯中。

3. 搖晃均勻,濾入雞尾酒杯中。

4. 沿着杯口,緩慢地倒入紅寶石波特酒,使其浮於表面。

5. 將洗淨的玫瑰花瓣放入杯中作為裝飾即可。

 ## 建議酒杯

雞尾酒杯
瑪格麗特杯

Depth Bomb
深水炸彈

這款雞尾酒的名字帶着幾分調皮的童趣，令人期待它將帶來怎樣的驚喜口感，而事實證明這是一款需要細細品味的雞尾酒，非常適合與友人在輕鬆歡愉的聚會時飲用。

配方

白蘭地 30毫升
蘋果白蘭地 30毫升
冧酒 15毫升
檸檬汁 5毫升
石榴糖漿 5毫升

建議酒杯

古典杯
烈酒杯

製作步驟

1. 將白蘭地、蘋果白蘭地、檸檬汁以及石榴糖漿倒入大杯中。

2. 在小酒杯中倒入冧酒。

3. 將裝有冧酒的小酒杯放入大杯中即可。

Tips

「Depth Bomb」是指從飛機上投向潛水艇的炸彈，意思是沉到底部爆炸，也許其中隱含着警告之意，告誡飲酒人士若沒有節制地喝酒精飲品，會有被「擊沉」的危險。

Alexander

亞歷山大

這是一款為了紀念皇室婚禮而發明的雞尾酒，自然要帶着婚禮的甜蜜氣息；鮮忌廉讓雞尾酒充滿着柔和的色調，和它的味道一樣柔滑細膩，令人充滿溫暖甜蜜的心情。

配方

白蘭地 30毫升
咖啡力嬌酒 15毫升
鮮忌廉 15毫升
豆蔻粉 少許
車厘子 1顆
冰塊 適量

製作步驟

1. 將白蘭地、咖啡力嬌酒、鮮忌廉倒入搖酒器中，放入七八塊冰塊。

2. 充分搖和後注入雞尾酒杯中。

3. 最後撒上豆蔻粉，並用車厘子裝飾即可。

建議酒杯

碟形香檳杯
雞尾酒杯

Tips

19世紀中葉，為了紀念英國國王愛德華七世與皇后亞歷山大的婚禮，調酒師們調製了這種雞尾酒作為對皇后的獻禮。由於酒中加了咖啡力嬌酒和鮮忌廉，所以喝起來口感很好，適合女士飲用，誕生之初它有一個女性化的名字——亞歷珊朵拉。這款酒味道甜美，就像向全世界宣告愛情的甜美，所以很適合戀人共飲。

Nikolaschka

尼古拉斯

　　據說俄國皇帝尼古拉斯二世喜歡這樣伴着檸檬一起喝伏特加酒,因而這款創製於德國的雞尾酒就借用了這個名字。將檸檬片對摺,包住砂糖放入口中,在感覺到酸甜的味道時,一口喝下白蘭地。檸檬汁、砂糖、白蘭地各種味道在口中交匯融合,可以說這是一款在口中調製的雞尾酒。

配方

干邑白蘭地 45毫升
檸檬 1片
砂糖 5克

製作步驟

1. 將干邑白蘭地倒入酒杯中。

2. 砂糖倒在檸檬片上。

3. 將檸檬片放置於杯口即可。

建議酒杯

柯林杯
颶風杯

調好一杯
雞尾酒
COCKTAIL

作者
郭慕、周小芮

責任編輯
譚麗琴

美術設計
鍾啟善

排版
何秋雲

出版者
萬里機構出版有限公司
香港北角英皇道499號北角工業大廈20樓
電話：2564 7511　傳真：2565 5539
電郵：info@wanlibk.com
網址：http://www.wanlibk.com
　　　http://www.facebook.com/wanlibk

發行者
香港聯合書刊物流有限公司
香港新界大埔汀麗路 36 號中華商務印刷大廈 3 字樓
電話：2150 2100　傳真：2407 3062
電郵：info@suplogistics.com.hk

承印者
中華商務彩色印刷有限公司
香港新界大埔汀麗路 36 號

出版日期
二零二零年三月第一次印刷